Why Society Demands Cutting-Edge Mathematics ②

社会に最先端の数学が求められるワケ ②

データ分析と数学の可能性

国立研究開発法人科学技術振興機構
研究開発戦略センター（JST/CRDS）
＋高島 洋典＋吉脇 理雄＝編

杉山 真吾＋横山 俊一＝著

日本評論社

まえがき

COVID–19 という感染症が猛威を振るい，世界中の人々の生活様式が変わってしまいました．気候変動の影響はさまざまな局面で人類に大きな影響を与えています．エネルギー問題や経済的な格差問題などもあり，それらにどう対応するかということが我々の未来にとって非常に重要になっています．これらの社会課題の解決に向けた科学技術には医学や情報技術，材料技術などさまざまなものがあります．それらはロボティクスや AI などの成果を通じて社会で活用されます．この目に見える成果を下支えするのが工学であり，自然科学です．さらにその根底には数学が存在し基礎を支えています．数学と科学，工学が協働し，科学技術を通じて社会の課題解決に貢献しているのです．また科学技術の社会への適用から得られる新たな課題を受け取り，科学技術の基礎としての次なる発展を目指す．このような循環を描くことで社会のイノベーションを実現していくことが期待されています．

我々は，数学と自然科学，工学の連携についての現状の調査を行い，今何をなすべきかということを考えています．まず，現状の数学と自然科学，工学の連携の状況を調査するために「数学と科学，工学の協働に関する連続セミナー」というものを企画し，2020 年 10 月から 2021 年 2 月まで，全 16 回のセミナーを開催しました．それぞれの回では，主に基礎的な数学とその応用を組み合わせて，学界と産業界から 1 名ずつの講師による講演と討論を行ないました．対象となった領域は最適化から量子情報処理，金融工学，感染症の数理などさまざまであり，また人工知能やデータマイニング，因果推論，データ同化などの基礎的な理論とその応用に関する講演もありました．本書はそのなかから，データマイニング，因果推論，機械学習，可視化，シミュレーション，統計，科学・工学・医学との関連，トポロジカルデータ解析についての内容を東京都立大学の横山俊一さんと日本大学の杉山真吾さんにまとめていただきました．各講演をしていただいた方は，それぞれの章でご紹介させていただいています．

日本に限らず，世界は AI やビッグデータが席巻する社会となりつつあります．これらの動きにつれ，広い意味で“数学化”が進んでいるかのように見えますが，一面では AI に関しても工学的利用のみが大きく進んでいるのではないでしょうか．AI を利用する研究や開発には，より深い数学・数理科学の裏づけが必要です．AI に存在するブラックボックス問題への対応や，背後に動くアルゴリズムにおけるリスクの評価，AI が導く結果の検証おいては，数学・数理科学によって確実性と信頼性を高めることができます．今後も AI やビッグデータなどの技術が発展し，社会のあらゆる場面での利用が進むと考えられます．そのための安定した持続的な力を備えるためには，将来に続く今後の人材育成に多くの力を注いでいく必要があります．将来を考えると，大学等の学術機関での教育・研究はもとより，産業界においても真の意味での数学利用，産業数学，数理科学研究の振興が必須でしょう．本書をきっかけに数学・数理科学とその応用分野の発展に多くの方の深い関心が寄せられれば，この上ない喜びです．

2022 年 1 月

編者を代表して　高島洋典

執筆分担
第1～4章…横山俊一
第5～8章…杉山真吾

第1巻
目次

座談会

数学と産業界のこれから

池 祐一
井上明子
高津飛鳥
早水桃子
若山正人
松江 要
吉脇理雄(司会)

数学と産業界の関係が問われるわけ

吉脇 (司会) ●この座談会では，産業界で数学を活用されたり，数学と産業界の両方に影響のある研究をされている皆さんをお招きして，産業界における数学の役割とキャリアパスについて議論していただくことを目的としております．今回は東京大学の池祐一さん，NEC の井上明子さん，早稲田大学の早水桃子さん，東京都立大学の高津飛鳥さんの 4 人の若手研究者の方に集まっていただきました．本日はよろしくお願いいたします．また，JST/CRDS[1]から

0) この座談会は 2021 年 10 月 28 日に開催された JST/CRDS 数学領域俯瞰ワークショップ「産業界における数学の役割とキャリアパス」での議論をもとにまとめたものです．

1) 科学技術振興機構研究開発戦略センター (Center for Research and Development Strategy, Japan Science and Technology Agency) の略です．

は，若山，吉脇，松江の 3 名が参加します．まずは若山先生から，座談会の趣旨について説明していただこうと思います．

若山●私がこの JST/CRDS に着任したのはちょうど 1 年 10 か月前ですが，その頃非常にびっくりしたというか，残念に思ったことがあります．JST/CRDS というのは，日本の科学技術政策のシンクタンクという役割を担っています．そのため研究動向調査を兼ねて，例えば私が所属するシステム・情報科学技術ユニットでも，情報科学に関する優れたプロジェクトが運営され，ワークショップなども開催されていました．エネルギー・環境分野，生命科学，はたまた科学政策についてもいろいろな議論や検討場面があり，私も大変興味深く会議に参加してきたのですが，驚いたのは，そこに数学や数理という言葉が一切出てこなかったことです．「えっ，そうなのかぁ」と思いました．

日本はおそらく，数学を種々のところに役立てるということに関して，いつの間にか意識が低くなってきていたのではないかと思うのです．明治以来，例えば工学部には，優れた数学研究をされる方がたくさんいらっしゃった．そこでは計算機がなかったり性能が低かったりしたので，課題を解くためには自ら数学で追い詰める必要があった．そのために数学教育も十分になされ，優れた研究成果が出てきたわけですが，一方で理学部の数学系は純化に純化を極めてしまって，両者の意思疎通がなくなってしまいました．そういう少し不幸な歴史もあると思います．もちろんいいこともあったと思いますが．

もっと残念なのは，計算機の飛躍的発達によって，優れた数学者が工学部にいらっしゃらなくなってしまった．数学教育においても，昔なら機械工学とか電子・電気の専攻でもみっちりと行われていた．それらがなくなってしまったのは一つ大きいなと思います．

極論かもしれませんが，日本の経済発展というのはものづくりで発展していったわけですが，見えないところで数学力を持った技術者の方々により，良いアイデアを実現化し，かつ理屈も裏づけもあるという形で開発が進められていました．そこが現在は何か弱くなっていると感じています．昨今，ビッグデータ，AI という言葉を毎日のように聞きます．その背後には数学があるのだ，という意識は多少はあるかもしれませんが，まだまだ浸透していません．

数学の一つの特徴として，抽象性が挙げられます．抽象性は頭の整理にも必要ですが，高いところ・深いところから研究・開発対象を見ることを可能にします．しかもその抽象性が，単なる理屈というよりは，大変信頼できるものとして扱える．それにより，課題の本質をあぶり出すこともできるかもしれない．それは長期的に見て科学技術の発展にとってとても大切なことです．やはり数学研究などを含め，先が見えない未来に対応するためにも，短期的でないビジョンを持っておくことが大事なのだと思います．

数学を使う側と，数学そのものをやる人たちの間に溝ができてしまっていたのが，現在の大きな問題です．会話が少なくなってしまった．そこを取り戻したい．そのような環境を作るために，私たちも研究者の皆さんや政府の関係者と協力してやっていきたいと思います．また，産業界の方々とも協力して，研究開発の現場で数学が意識的に使えるような国になればいいなと思っています．

池 祐一 (いけ・ゆういち)
1990 年，新潟市生まれ．2018 年東京大学大学院数理科学研究科数理科学専攻修了．博士 (数理科学)．富士通株式会社研究員を経て，現在東京大学大学院情報理工学系研究科情報理工学教育研究センター助教．専門は位相的データ解析，超局所層理論．
https://sites.google.com/view/yuichi-ike

吉脇●若山先生，数学と産業界の現状や問題点などをお話しいただきありがとうございます．

それでは参加者の皆さんに，自己紹介を兼ねて，ご自身の研究や産業界との関わりをお話しいただこうと思います．まずは池さんからよろしくお願いいたします．

池●私は純粋数学[2)]出身で，2018 年に東京大学の数理科学研究科で博士課程を修了しました．その後，富士通研究所 (現在は富士通 (株) に吸収) で研究員を 3 年ほどやっていました．そこで縁があって，2020 年の 8 月から，早稲田大学理工学術院の次席研究員を兼任することになり，現在は東京大学で教育・研究に従事しています．

私の研究テーマは大きく分けて二つあります．まず位相的データ解析 (TDA) と言われている分野です．位相的データ解析というのは，トポロジーと呼ばれている幾何学の分野をもとにしたデータ解析手法を発展させたものです．基礎的な部分も研究対象ですが，同時に機械学習，いわゆる AI と組み合わせて使うことについても興味を持っています．あとは趣味的なものですが，学生時代からやっていた超局所層理論とシンプレクティック幾何学という，抽象的な研究も引き続きおこなっています．

では私が産業界でどういう研究をしてきたか，あるいは産業界とどういうふうに関わっているかについてお話ししたいと思います．博士課程在学中だった 2017 年頃，私は超局所層理論とシンプレクティック幾何という非常に抽象的な数学をやっていました．東京大学には FMSP[3)]というリーディング大学院のプログラムがあり，企

2） 本来，数学というものは純粋・応用などとことさらに区別するのが良いのではなく，さまざまな分野が相互に助け合って発展し，さまざまな分野へと還元されてきた歴史をもちます．ですが，ここでは簡便のために，主に社会・産業の諸科学・諸問題の解決のために使う数学を「応用数学」と呼ぶことにし，それ以外を「純粋数学」と呼ぶことにします．

3） 数物フロンティア・リーディング大学院のことです．

業の人々や JAXA の方などの講義を受けたり，共同研究ができたりするというもので，そちらにも参加していました．周りはアカデミック志向の人が多く，博士課程に進んだ人は特に企業に就職する人はそれほど多くはいませんでしたが，企業でも面白いことができるんだと分かりました．

富士通研究所の面接で，TDA というものをやってみないかと言われて勉強してみたら，実は当時関係ないと思われていた超局所層理論とシンプレクティック幾何にこの話題が使えるということが分かりました．産業的な出発点から，抽象的なところにもうまく結びついたことによって，無事に博論[4)]が完成しました．

博士号取得後に富士通研究所に入社しました．どのようなことをやっていたかというと，ちょうどその頃，Inria というフランスの国立研究機関と富士通研究所が共同研究をしていて，共同研究の主研究者として入社当初から関わることができました．これはとてもラッキーな出来事で，それ以来フランスの方々と一緒に研究をしています．また同時期に，JST の ACT–X という若手研究者のためのプログラムにも採択されました．現在は東大に異動しましたが，富士通と Inria との共同研究は今も引き続きおこなっています．

吉脇●共同研究が転機ということですが，産業界に入る強い動機といいますか，きっかけはありますか．

池●いろいろありましたが，当時の上長である穴井宏和さん (現・富士通 (株) 研究本部人工知能研究所長) が非常に数学を大切にしておられ，ここなら自分もやっていけるかなと思い入りました．Inria とすでに共同研究をしていたことも優位にはたらき，非常に魅力的な環境だったので入社を決めました．

高津●数学の場合，明確な期限が決まっていることが少ないと思う

4）博士論文の略です．これを大学院に提出し学位審査を通過すれば，博士号を取得することができます．

のですが，共同研究では期限などはあるのでしょうか．

池●何となく 1 年単位で緩い締め切りがあって，それまでに何か出してほしいという感じが多いですね．我々情報系の分野だとジャーナルではなくて国際会議が主で，その国際会議に合わせて何か成果を出すというスタイルが多いです．

高津●やってみて「駄目でした」という場合は …．

池●基本的に複数の研究を同時並行で進めているので，どれかがダメになっても大丈夫なようにバックアップを取っていることが多いですね．

高津●どれもこれもうまくいかないということはないのですか．

池●実験で立証されることが結構多いので，失敗したとしても，何か新たな知見が得られることが多いように思います．数学の研究とは違う側面だなと思いましたが，そういう点では精神的に良い点もあるかもしれません．

高津●先ほどの「失敗して新たな知見が得られた」という場合，数学では自分の知見にはなっても論文になることは少ない気がするのですが，こういうことを論文や国際会議で話すことは可能なのですか．

池●それは場合によりますね．うまく知見を得られるかどうかによるとは思います．

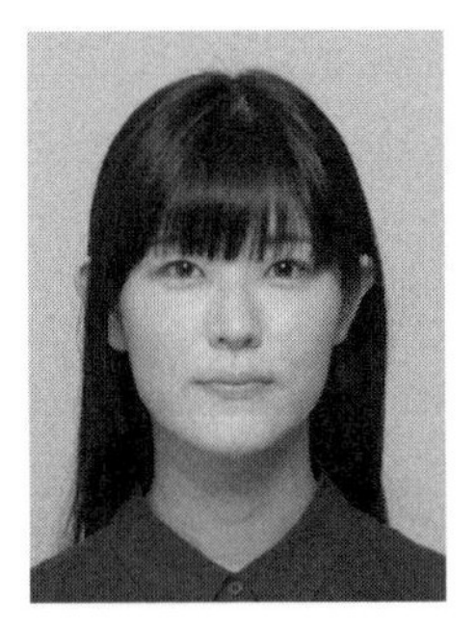

井上明子 (いのうえ・あきこ)
2015 年九州大学理学部数学科卒業，2017 年九州大学数理学府数理学コース修士課程修了．以降 NEC セキュアシステム研究所にて研究開発に従事．専門領域は暗号理論，特に共通鍵暗号における証明可能安全性．

吉脇●池さん，ありがとうございました．それでは，引き続きまして井上さん，よろしくお願いいたします．

井上● NEC のセキュアシステム研究所というところで，共通鍵暗号の証明可能安全性という分野の研究をおこなっています．九州大学の数学科で，高木剛先生の下で暗号理論を学び，公開鍵暗号の安全性解析について研究をしていました．修士課程修了後，現在の所属に至ります．今回は産業界との関わりについて紹介してほしいとのことだったのですが，暗号理論自体がかなり産業界との関わりが深い分野になるので，暗号理論とは何かといったところから，私自身が関わる領域までの概要を述べたいと思います．

暗号理論は情報を安全に扱うための技術です．例えば，他人に内容を知られずに秘匿したまま通信したい，自分のメッセージが意図しない内容に書き換えられたくないなど，そのようなニーズをかなえる技術です．もともとは軍事目的の技術でしたが，インターネットの普及によって社会全体に実装されるような技術になりました．

暗号の適用先は多岐にわたり，社会システム全般で実装されています．ただし，暗号と情報セキュリティは正確には同じものではありません．情報セキュリティは暗号よりも広い概念で，暗号は情報セキュリティの構成要素の一つでしかありません．暗号以外の情報セキュリティの要素としては，例えばネットワークセキュリティ技術などがあります．

暗号理論は，大きく分けて 2 種類に分かれます．一つは共通鍵暗号で，同一の秘密鍵を用いて通信を行います．ただし，そもそもこの秘密鍵の共有をどうするのかという問題があるのですが，それをもう一つの公開鍵暗号が解決します．公開鍵暗号というのは，公開鍵と秘密鍵のペアで通信をするものです．数学界の皆さんにとっては，おそらく公開鍵暗号のほうがなじみのある技術ではないかと思います．公開鍵暗号の安全性は，例えば RSA 暗号であれば素因数分解，楕円曲線暗号であれば楕円曲線上の離散対数問題などの数学的に困難な問題に安全性の根拠を置いています．

公開鍵暗号が共通鍵暗号の問題を解決するならば，公開鍵暗号だけ使っていればよいのでは，というのが直感的な考えになると思いますが，そうすると例えば数千ビットの剰余計算を大量にやらなければいけなくなってしまいます．つまり共通鍵暗号よりもかなり低速になります．実際は，公開鍵暗号で共通鍵暗号の秘密鍵を共有した後，その秘密鍵を使って共通鍵暗号で通信をするという手法が用いられています．

私は学生の頃は公開鍵暗号の研究を，今は共通鍵暗号の研究をしていますが，その中でも私のトピックになっているのが暗号利用モードの証明可能安全性というものです．暗号利用モードというのは，ブロック暗号と呼ばれる固定長入力の暗号化関数，暗号化部品を使って安全な暗号方式を構成する方法のことを指します．昨今，テレワークシステムが急速に普及しましたが，このような通信において活用されています．

吉脇●井上さん，ありがとうございました．次は早水さん，お願いいたします．

早水●私は 2020 年度から早稲田大学理工学術院・応用数理学科の専任講師をやっていまして，同時に JST の数学分野でのさきがけ研究者[5)]も兼任しています．なので肩書きが二つありますが，最近では三つ目の顔として YouTube でもいろいろと活動をしています．「早稲田大学早水桃子研究室」というチャンネル名で離散数学をはじめとするいろいろな講義動画を公開したりライブ配信をやったりするうちに，国際的にも人気のコンテンツとなり，自分が想像していた以上に順調に進んでいます．最近では海外のボランティアの

5)　「さきがけ」とは，JST がおこなっているプログラムの一つです．さまざまな分野の研究者と交流をしながら個人で研究を推進することができます．

方が動画の字幕を翻訳してくださって多言語対応のチャンネルに成長し始めています．そんな私ですが，実は今日集まったメンバーの中で，私だけが数学出身ではありません．私はもともとは医学部出身で，卒業後はパートタイムの時期も合わせると，7 年ほど医師として働いていました．大学病院を離れて数理の研究に転身してからは，ご縁があって JST さきがけに 2 回採択していただき，数学分野のさきがけ研究者をかれこれ 5 年間やっています．なので，私はもともと数学のバックグラウンドがあってそれを応用しているというタイプの研究者ではなくて，医学に関する重要なことを掘り下げていくうちに数学と関わるようになっていったという感じです．研究分野は離散数学ですが，より具体的には生命科学における現象のモデル化やデータ解析に関する離散数学が専門です．だから純粋にアルゴリズムや組合せ論の研究をしているという感じではなく，医学や生物学といった生命科学分野の問題意識ありきで，現実の具体的な課題に基づく数学の研究をすることが自分の研究領域かな，と認識しています．

医学部の学生がどのような教育を受けているかは皆さんイメージしづらいと思うのですが，少なくとも私の出身大学はかなり研究志向が強く，学部生の頃からいろいろな実験をやったり，さまざまなデータ解析をしたりする機会がありました．そのおかげで，私は統

早水桃子 (はやみず・ももこ)
2010 年東京大学医学部医学科卒業．同大学医学部附属病院等を経て，2016 年より JST さきがけ研究者，2017 年総合研究大学院大学複合科学研究科統計科学専攻修了．博士 (統計科学)．統計数理研究所助教を経て 2020 年より早稲田大学理工学術院専任講師．専門は生命科学に関わる離散数学．
`https://researchmap.jp/momoko_hayamizu`

計や数学がとても重要だということを早くから肌で感じることができたのだと思います．ですので，学生時代から昼は病院実習をこなしながら夜は数学や統計を勉強する，そんな生活をずっとやっていました．ただ，今と違って異分野融合などもあまり進んでおらず，推奨もされていなかったため，実際数学や統計の先生にコンタクトを取っても「医学部の人が何の用ですか」みたいな感じの反応をされることが多かったです．卒業後は医者として働いていましたが，自分がやりたい研究を思う存分にできる場所をずっと探していました．

そこで一念発起して，総合研究大学院大学の統計科学専攻の大学院生になって，統計数理研究所という，日本で唯一の統計・機械学習の研究所で本格的に研究者としての道を歩み始めました．統計数理研究所は多様なバックグラウンドの人を受け入れてくれる懐の広い研究所ですが，それでも当初の私は周囲の人から見ると「医学の人」でしたし，自分自身も医学系の知識を活用できるバイオ系のデータ解析などをするのが順当だと思って，そういう研究をやっていました．でも，その途中で「この問題はそもそも，効率的に解ける問題なのだろうか」「生物学者はこういうものを測りたいと言っているが，それは数学的には何なのだろう」といった理論的な問いにぶつかることも多くなり，あれこれ調べるうちに，今の専門分野である組合せ論的系統学という分野と出会いました．離散数学と生物学と統計学が融合する面白さに衝撃を受けて，一気にのめり込んでしまいました．

この方面で進めた研究の成果は，国際会議などでは一定の評価を受けたのですが，国内では「こんなものは統計学の研究ではない」と否定されたり，数学でも生物学でもないジャンル不明の研究者のような扱いをされたりしたので，研究所の中では実は肩身の狭い思いをずっとしていました (笑)．それでも，やはり自分がやっていることは価値があるはずだと信じて，博士課程の 3 年生で数学分野のさきがけに応募しました.「さきがけは学生が応募するものじゃないよ」と笑われたりもしましたが，気にせず行動に移した結果，採択していただけて，そのおかげで自分がやりたい研究に存分に打ち込むことができています.

吉脇●早水さん，ありがとうございました．最後，高津さん，よろしくお願いいたします.

高津●私は東北大の数学科に入学以来，学生時代はずっと東北大の数学教室に所属していました．その後フランスとドイツでポスドク[6)]の職に就き，名古屋大学の特任助教と助教を経て，首都大学東京 (現・東京都立大学) の数理科学科に准教授として赴任して今に至ります.

専門は幾何学，特に微分幾何学です．微分幾何の中でもリーマン幾何という，かなり噛み砕いて言うと，さまざまなものの形を知るために，長さや体積を調べています．例えば，閉じている輪っかの上に熱を落とすと，熱がわっと広がって，最後，どこもかしこも同じ温度になりますが，どこまでも続く線に熱源を落とすと，どんなに時間が経っても温度は一様になりません．このような物理現象を見て形を調べています.

物理現象を見るために，発展方程式を扱っています．その中でも，総質量が保たれるものを扱っています．ここで総質量を正規化して 1 とし，確率密度関数とみなすという方向性で数学をやっています．確率測度の中でおそらく一番有名かつ基本的かつ使いやすいものが正規分布，あるいはガウス測度と呼ばれるもので，修士論文ではそのガウス測度に対する幾何学的構造を，ワッサースタイン幾

6) ポストドクトラル・フェロー (postdoctoral fellow) の略です．大学院で博士号の学位を取得した後になることができる任期付きの研究員であり，任期なしの研究員になるための一時的な職です.

高津飛鳥 (たかつ・あすか)
東京ディズニーランドがオープンした年の東京生まれ．2010 年東北大学大学院理学研究科数学専攻後期博士課程修了．博士 (理学)．現在・東京都立大学理学研究科数理科学専攻准教授．専門は幾何解析．(写真は，多摩散策中に見つけたお店のイタリアンジェラートを食べてご機嫌なところ．)
https://sites.google.com/site/asukatakatsu/

何というものを使って調べました．そしてこのようにガウス測度の幾何学的構造を調べていたら応用系の人たちが「何かガウス測度の幾何構造でいいものあるの？」と声をかけてくださり，そこから応用系の研究集会へ行って話をさせていただいたりという感じで産業界と関わりが生まれたという経緯です．

例えば現在は，太田慎一さんが PI[7] を務めておられる，理研の AIP[8]の数理解析チームの客員研究員として従事しています．また，河原吉伸さんの作用素論的データ解析に基づく複雑ダイナミクス計算基盤の創出 (CREST)[9]の研究参加者です．他分野の中で数学のことを話せば話すほど，何か基礎科学に対する意識の違いを感じる，というのが私の所感です．若山先生も最初に仰っていますが，数学の中と外では数学に対する意識や解釈が違うのではないかと感じることが多いです．数学の外の世界の人との繋がりが広がるにつれ，企業や他分野の人が言うところの「基礎科学」とは何だろうか，と思うことが増えました．

7） 研究チームの責任者 (Principal Investigator) のことです．

8） 理研は理化学研究所の略称です．理研に AIP (革新知能統合研究センター，Center for Advanced Intelligence Project) という組織があります．

9） JST がおこなっているプログラムの一つに CREST というものがあります．このプログラムでは，複数の共同研究グループが大きなチームを形成して研究を推進することができます．

現状で，産業界が数理科学とか数学とか基礎科学を欲しがっていることは肌身で感じるのですが，何かそこの認識に果てしなくギャップを感じます．また，数学と数理科学の認識が違うのではという……．何か数学の人は自分の知的好奇心が満たされたらそれでOKという印象があり，数理科学はもう少し産業界なり現実社会に役に立つ数学という意識なのかなと思います．ここには意識の差を感じるので，大事なことは双方のコミュニケーションだと思っています．

若山●今の高津さんのお話にもありましたが，数学は科学であることは間違いなくて，つまり，科学はやはり検証ができないと駄目だと思うのです．実際，数学は最も検証ができるという意味で科学だと思いますが，自然科学かというと，数学的自然科学であって，やはり自然科学と言ってしまうとちょっと無理があるのかなと．だから，逆にそのほかの分野の人たちとコミュニケーションを進めると，違う見方で両方が面白くなっていくというのがとても大きいことだと思うのです．だから，数理科学は，自然科学・社会科学分野にいろいろな貢献があるけれども，そういう意味では，数学は数学的自然というものがあって，そこに隠れているものを発見していく，そういう科学なのではないかと思っています．

産業界とアカデミア，それぞれの数学の役割って？

松江●私の自己紹介は後にして (プロフィールをご覧ください)，早速最初の質問，産業界とアカデミア，それぞれの数学の役割について皆さんに伺いたいと思います[10]．私個人としては，アカデミア，特に数学系の研究者にとっての数学の役割は，一言で言うと「感性」でしょうか．個々の感性によって多様な知見を生み出して，そ

10）アカデミアとは，学問の世界のことです．大学などの研究機関をまとめてアカデミアと呼ぶこともあります．

れが数学的な議論に基づいていろいろな知見を構築していきますが，特に感性に基づく知見を生み出すことがアカデミアの一つの役割だと思います．ただ，感性といっても，芸術家のそれとはまた違うもので，抽象化による汎用性の高さを獲得した，誰にでも明確な意味が通じる言語を，個々の興味と結びついた感性をもって創るというのがアカデミアにおける数学の役割ではないかと考えています．

産業界ではこれに対して，数学は見えないものを見るためのツールである，という考えを持っています．例えばガラスの構造や炎の振る舞いなど，観察・制御が非常に難しいものでも，シミュレーションや方程式によって擬似的に構造や振る舞いを見ることができる．ただ見るだけではなくて，意味を見出すという点ではアカデミアに通じるところもありますが，それができるのが数学の役割ではないかと考えています．特に企業において，数学は開発や戦略の信頼性を高める根拠として使われるものではないかなと考えています．違いはあれど，それぞれに相応の価値があるというのが私の意見です．

池●私もアカデミアに関してかなり近い意見を持っていて，先ほど高津さんの意見もありましたが，アカデミアの中にいる人の多くは，数学は自身の興味に応じてどんどん広げていくものだと思っています．私も数学――超局所層理論を使って研究をしているときは「何でそれを使うの」と聞かれますが，結局はそれが好きだからやっているのです．そういう意味で，自分の興味に応じていくらでも広げていけるというのが，むしろアカデミアのいいところなのかなというふうに思っています．

私は産業界にしばらくいましたが，研究のやり方として，初めからある程度出口が見えていて，最終的にこういうものに使いたいというような「お尻」が決まっているような感じがあります．それを実現するために使う道具立てというか，実現するためのツールとして数学を使いたいという，そういう印象があります．加えて，産業界から出てきた知見が，実は抽象的な数学にもフィードバックされて使われるようになるという出来事が最近出てきているような気がしていて，非常にまだまだ可能性があるのかなというふうに思っています．

井上●私も松江さん・池さんと同じ意見です．まずアカデミアの方には，ご自身の興味に基づいて自由に研究をしていただきたい．役に立つか立たないかということは考えずに研究をしていただきたいなというのが一つです．というのも，なかなかそういった基礎研究とか，どこが出口なのか分かりにくい研究は，企業ではマネジメント層の理解がなかなか得られないので，着手するのがかなり難しいのが現状です．ですので，アカデミアの方にそういった研究をぜひしていただきたいというのがあります．

産業界においては，やはり池さんと同様に，数学は割と道具とみなされることが多いかなと思います．抽象度の高さを使って，ある程度産業界の問題を数学的な問題に落とし込んで，産業の問題でなく数学の問題にする，そういったところが数学の役割なのではないかというふうに思っています．

若山正人 (わかやま・まさと)
1955 年大阪市生まれ．1985 年広島大学大学院理学研究科博士課程修了．鳥取大学助教授，九州大学数理学研究院教授，同院長，マス・フォア・インダストリ研究所長，理事・副学長を経て，2020 年より東京理科大学副学長・理学部教授，国立研究開発法人科学技術振興機構研究開発戦略センター上席フェロー．同上席の活動を継続しつつ，現在 NTT 基礎数学研究センタ数学研究プリンシパル．九州大学名誉教授．専門は表現論・数論．
https://imi.kyushu-u.ac.jp/~wakayama/index.html

早水●私もおおむね似たような考えです．アカデミアは自由な発想に委ねられているところもあるし，産業界をどう定義するか，アカデミア以外と定義するのかもしれないですが，産業界は，やはりゴール・オリエンティッド[11]というのはあると思います．

ただ，一方で最近少し思うのは，だんだんその境界が曖昧になってきているということです．例えば，今までだとアカデミアはクリエーター側で，産業界というのはユーザー側でアカデミアで生まれたものを使うだけだという認識が標準的だったと思うのですが，一方で例えば産業界で流行ったもの，単純な例だとディープラーニングが有効だったという実例から始まって，その背後にある理論を数学的に深追いしようという，アカデミアの研究を促進する起爆剤になっていく，そういうポジティブなところもあります．

世知辛いところとしては，アカデミアは自由にやっていいといっても，何の役に立つのかと言えないと研究ができないような場面もあって，何かしらの有益性・社会的意義みたいなものをアピールできないといけない時代になってきている感じもあります．それがいいかどうかは別として，だんだん境界が薄れてきている．決して同じにはならないと思いますが，着実に薄れてきているという印象もあります．

高津●私はアカデミアといっても数学しか知らないので，産業界と(数学以外の) アカデミアと数学界という感じで話すことになりますが，まず数学の役割は「疑う」ことかなと思います．例えば工学の人や産業界の人に「井上さんが持ってきた暗号，いいよ」と言われたら，数学者は「いいとは何か？ どういう意味でいいのか？」と疑ってみる心が大事だと思います．誰もが納得するように「いい」という意味を定式化せよという，見ようによってはいいものではな

11） goal–oriented のことで,「目標が決まっている」という意味です.

くて「数学的にこうやって見るといい」ときちんと言語化できるという，疑えることと保証できることが数学の良さ・役割だと思っています．

その一方で，産業界や工学の方の研究のペースはすごく速いので，悠長なことを言っていられないという印象があります．そうすると「なぜそれがいいのか，定式化できるのか」という数学的な検証よりも，個別のケースを扱うことが多い気がします．

池さんが仰っていたように，企業での研究は結果をコンスタントに出していかなければならないとは思います．個別の事象を考えるよりも，定式化の方が一般には時間がかかりますし，定式化ができたときにはその分野はもう流行していないという可能性もあるかもしれない．そういった状況があるので，果たして数学以外の方が定式化にどれだけ意義を感じているのか．もしも意義を感じていないのだとしたら，数学はあまり貢献できないのではないか，というのが正直な意見です．

松江●ありがとうございます．では，せっかくですので，これまでいただいたご意見に関連して私からも質問をぶつけてみたいのですが，早水さんが仰ったように，アカデミアと産業の境界が曖昧になっているという見方がある一方で，高津さんが仰ったように，産業界の人たちは，本当に数学的な定式化，数学的な思考と言ってもいいかもしれませんが，そこに価値を見出せているのだろうかと疑問に思うという見方もある．そう考えたときに，池さんや井上さんが直面している，あるいはしてきた現場では，共同研究者の方々の見方はどのような感じかというのをお伺いしたいです．

池●私は割と比較的良い環境にいたので，すごく困ったということはありません．ただ産業界からみると，数学には定式化の力というのは間違いなくあると思うのですが，それを追い求めるがゆえに，何か問題を持っていくと「数学的に定式化されていないよね」という返答があったりもしました．そこを実はやってほしいけれども，うまくいかないという経験はありました．まだまだギャップがかなりあるので，歩み寄りが必要だとは思います．

井上●私も池さんと同意見です．先ほど高津さんが仰っていたことは，例えばこの条件で実験して速かったからいいよね，という現象がどんどん出てきて，定式化しないまま統制が取れないことが疑問だということだと思いますが，おそらくその条件というのは，例えば実用的に意義があるから重要視されるのではと思います．それ全体を定式化したことで，実験的にはこのパラメーターが一番良かったけれども，定式化して網羅的に考えたら，実はここが一番良かったというような新たな知見が生まれるのであれば，産業界的にはウエルカムだと思います．逆に，定式化したけれども，既存の実験結果のサポートになるようなものしか得られないと，産業界側としてはやや肩透かしという反応になるのかなと思います．

松江●ふむ，池さんが仰った「出口」，やはりそこに資するかどうかがかなりキーになったのかなと思いました．

松江 要（まつえ・かなめ）
広島県生まれ．九州大学マス・フォア・インダストリ研究所准教授／同大学カーボンニュートラル・エネルギー国際研究所 WPI 准教授．JST/CRDS 特任フェロー兼任．京都大学大学院理学研究科数学・数理解析専攻博士後期課程修了．博士（理学）．東北大学，統計数理研究所（文部科学省委託事業「数学協働プログラム」）を経て現職．著書に “Structural Analysis of Metallic Glasses with Computational Homology”（共著，Springer）がある．力学系，精度保証付き数値計算を軸とした研究に従事するはずが，ガラスや量子ウォーク，近年は燃焼科学などに携わったりで，何でも屋扱いを受けている．
https://researchmap.jp/7000003451

人材育成とキャリアパスについて，若手研究者の立場から感じること

松江●では次に「人材育成とキャリアパス」についてお伺いします[12)]．アカデミアと産業界，あるいは数学とそれ以外の分野でも，時間感覚というものが大きく違うように感じます．

例えばアカデミアでは，数年かけて論文や理論をつくる，あるいはそこに基づく一つの価値観を生み出すという感覚がありますが，企業での研究では半年から1年で一つのまとまった成果を出すことが要求される．なので，そこの時間感覚がまず違う．それによってコミュニケーションの違いなども生まれるのかなと考えています．アカデミアに関しては，先ほど境界が曖昧になってきているという話がありましたが，過渡期にあるような気がしていて，そのためにキャリアパスがかなり危ういバランスになっているのではないかと思います．特に数年かけて一つの価値や成果を生み出す中で「この時間内に出さないと次はないですよ」と言われている状況は，覚悟がないとかなり厳しい環境ではないかと思います．

ただ，最近ではベンチャー企業など，新しい価値観を創生する企業のキャリアを考えると，短期間で新しい価値観を生み出すという意味での異分野連携という，一つのパスを生み出すという流れも自然になりつつある気がしています．

池●私は博士[13)]を出て一回企業に行きましたが，先ほどもお話しした通り，博士まで行ったら当然アカデミアみたいな空気がありました．ですが，そうではない選択肢もあるということも，いま博士にいる人たちに理解してもらったほうがいいと思います．ただ，そのための人材育成については，大学教員側も慣れていないように感

12）キャリアパスとは，キャリア (career，職業) に向かって進むためのパス (path，道) のことです．

13）博士課程のことを略して博士と言うことがあります．

じているので，今後どのように溝を埋めていけばよいかは大事だと思います．

会社に入ってびっくりしたことは，かなり社会教育が充実しているというか，いろいろ教えてくれる点です．アカデミアはその点はドライに感じます．独り立ちを早くしてほしいという思いが強いのかもしれませんが，もう少し教育の形を変えていってもいい時期ではないか，というふうには思います．

井上●一昔前の数学科を卒業された人の就職先は，教職かSEかアクチュアリーなどで，アカデミアに残る場合でも分野を変えずにそのまま研究者になるという感じだったと思うのですが，最近は純粋数学で修士・博士を取って，AI領域に鞍替えして研究者になったり，企業研究者になったりという方向性が増えてきたかなと思っています．それ自体はキャリアパスの幅が増えたということなので，すごくいい流れだとは思うのですが，やはり専門分野を変えるのはいろいろと苦労があるように感じます．

実際，周りの同僚で純粋数学の博士を取ってAI研究をされている方がいますが，結構皆さん仰るのは，分野を変えると知識についてビハインドスタート[14)]で苦労するのは当然として，工学と理学におけるマインドセット[15)]の違いで苦労するとのことでした．例えば企業研究だと，ある程度現実世界で使えるものを作る必要があります．それには実験が不可欠になってくると思うのですが，実験に慣れていないと，実験をおこなう上での暗黙の了解や仮説の立て方などがなかなか分かりにくいという話もよく耳にします．知識だけではなく，研究の進め方でも苦労があるけれども，数学出身者が少ないから自分の苦しみが周囲にあまり理解されない．これらの話

14)　behind startのことで，「遅れて開始する」という意味です．

15)　mindsetのことで，経験や教育や思い込みによって形成される考え方のことです．

吉脇理雄 (よしわき・みちお)
大阪市生まれ．大阪市立大学大学院理学研究科後期博士課程数物系専攻修了．博士 (理学)．大阪市立大学数学研究所，静岡大学 (CREST)，理化学研究所革新知能統合研究センターを経て，現在，科学技術振興機構研究開発戦略センターフェロー．初の数学領域担当となる．専門は多元環の表現論，位相的データ解析．
https://researchmap.jp/m_yoshiwaki

から考えると，キャリアパス・人材育成については，例えば学生のうちから工学の研究に触れられるような環境があったり，数学は結構特殊な分野だと個人的には思っていますが，そういう特殊さを自覚したりする機会があることは，これからのキャリアパス・人材育成においては必要ではないかと思います．

早水●私は結構風変わりな経歴なので，人材育成とかキャリアパスについては池さんや井上さんとは違う観点からの意見なのですが，統計数理研究所，総研大[16)]はかなり特殊で，大学院生の半分以上が社会人博士です．ですので，会社が応援してくれて，あるいは個人で頑張って，産業界にいながら博士号を取る方がとても多いのです．それはとても良くて，これまではいったん修士号を取ってアカデミアから出てしまったら，その後に学術的な研究に携わることは難しかったと思うのですが，最近はそうでもなくなってきた．産業界にいると，自分の実体験から問題意識が生まれますよね．特に統計分野だと，いろんなデータに触れることで，こういう研究をしてみたいというビジョンが自分の中から出てくると思います．そういうモチベーションの高い社会人を博士課程で受け入れていただける統計数理研究所・総研大のようなところはすごくありがたい場所

16）総合研究大学院大学の略です．

で，人材育成のためにすごく良い効果を発揮しているのではないかと私は思います．

当然，指導する側は大変だと思うのですが…．けれども，産業界と学術研究の双方の言葉や価値観が分かる人たちを生み出すために，もっと寛容になるといいますか，こういう人たちをどんどん増やすようにすると，異分野のコミュニケーションもしやすくなるのではと思っています．

高津●人材育成についてですが，早水さんが仰ったように，外とのコミュニケーションがすごく大事だと思います．そして数学科の教員は数学者として良かれという人材の育成には慣れていると思いますが，会社に入って役に立つような教育をしているかというと，意地悪してやっていないわけではなく，私自身は知識が乏しいため，十分な対応には至っていません．

先ほど井上さんが仰ったような，実験に対する知見などを育むというのは大事だと思います．産業界との連携のために，大学ならではの知見を取り入れることは重要ですが，それを自分一人だけでできるとは思えません．なので，やはりとにかくコミュニケーションなのかなと思います．あと，キャリアパスについては，実は私はよく分からないのですが，どのようなものなのでしょうか？

吉脇●私の想定では，数学を専門にずっと学んできて，では，社会に出るときにどの方向に進むかという意味で，キャリアのパスと思っています．今皆さんが話された内容をトータルすると，だいぶ多様性が出てきているように思いました．その一方で大学の中の教育と，その間のつなぐところにどうしてもギャップが生まれていて，数学の中と外のコミュニケーションの不足を感じる，というところではないかと思います．

ところで，社会に出るときには，もとの分野との親和性の高いような方向でないと専門分野の変更は難しいか，という質問が考えられますが，いかがでしょうか．

池●私は運が良かったので分かりませんが，やはり困難は少なからずあるような気がしますね．しかし，必ずしもとても近い分野に行く必要はないような気がします．

井上●私も大学の専攻と今の専門を変えていないので，私も運がいいほうなのですが，やはり私も必ずしも親和性の高い領域が良いとは思いません．ただ，そういう環境に身を置くのであれば，ある程度余裕がなければ難しいのではないかと思います．まずキャッチアップ[17]に時間がかかるし，業界によっては暗黙の了解がやはりありますよね．それを取得するのはかなり時間がかかると思っています．なので，それを許容してくれる環境は必須かなというふうには思います．

吉脇●今のご意見，非常に貴重です．おそらくそれを肌で感じた早水さんはいかがでしょうか．分野を変えたという点で，系統学に興味を持ってその方向に進んだときにギャップがあった，というお話があったと思いますが，実際はいかがでしたか．

早水●私が系統学に関する離散数学の研究を始めたのは統計科学専攻の大学院生になってからですが，統計学と離散数学というのは実はかなり遠いというか，あまり交流がなくてお互いに異分野として認識している感じなのです．だから，最初の頃は「医学から統計に来たのに，どうして離散数学をやっているの？」という感じで，結局どの分野の研究をしているのかと聞かれることも多かったです．

ですが私としてはやはり，あまり分野にとらわれないほうがいいという信念があります．学問というのは，サイエンスという広い分野でのくくりで見たら一つなので，その中で縄張りを作る必要はないと思っています．苦労はしましたが，分野のしがらみに負けずに

17）catch up のことで，遅れを取り戻すという意味です．

コミュニケーションを取ったことは良かったと思います．ただ，かなり頑張らないと，というか，対外的にアピールしないといけない．例えば自分の身内みたいなセミナーや学会だけで発表していても，別に何も起きないわけなので，文化の違いに苦しむことを承知の上で，いろいろな研究集会などに積極的に参加して話をするとか，そういう活動を地道にやっていくことが大切かもしれません．

吉脇●やはりそのあたりは，広い意味でコミュニケーションを他分野とも取っていくというのが，一つ，キーワードになると思いますね．

産学の頭脳循環への期待

吉脇●では，人材育成とキャリアパスにつなげて「産学の頭脳循環」というテーマについて，お伺いしたいと思います[18]．既にお話しいただいたように,「産」と「学」では少しギャップがある．そのギャップを埋める一つの可能性としての頭脳循環という考え方があるのではないかと思いますが，皆さんはどのようにお考えでしょうか．

松江●コミュニケーションの壁，考え方，使う言葉が全然違う，時間感覚も違う，そういうものが一番の障壁で，同じ分野以上に意識することが重要だと思います．アカデミアの立場では，時間感覚は産業界側に合わせるしかないかどうかも気になるところです．これに対して考え方，物の見方は，アカデミアに合わせるというより，それを取り入れて産業界のニーズに組み込むことでシナジーが生まれるような気がします．数学的思考の価値の創生，これが頭脳循環に相当して最大のメリットになるのではないかと思いますが，いか

18）産業 (企業) と学術 (大学) の二つを略して「産学」といいます．また，外国で学んだ経験を母国に戻って活かすことを頭脳循環といいます．ここでは，国の代わりに産業と学術の間の行き来を考えています．

がでしょうか.

池●やはりお互いに，何かアレルギー反応みたいなものを少しずつなくしていく必要があると思います．先ほど紹介した FMSP のようなものは，まだあまり興味を持たれていないというか，冷たい反応を感じることもあります．アカデミアからも，特に数学界，数学科ですけれども，そういった状況を少しずつ変えていければと思います．

私個人としては最初大学を出て，その後産業界に入って，今もう一度アカデミア界に戻ってきました．先ほど早水先生からも，少しずつ境界が曖昧になっているという話がありましたが，大学と産業界を行き来しながら研究できるような環境がもう少し整うと良いのかなと思いますし，そういった意味でのモデルになりたいと思っています．

井上●まず，産学の頭脳循環とは何かということを考えてきましたが，私の理解は，アカデミアと産業界が双方向に連携して研究を推進する，というもので，そのことを前提として話をさせてください．

暗号業界においては，連携というのは結構うまくいっているというふうに思っています．まずアカデミアから産業界への方向性としては，アカデミアの結果が暗号の産業面に大きく寄与しているというのは言わずもがなだと思います．公開鍵暗号などは特にそうです．

逆に，暗号業界からアカデミアへの方向性ですが，これも暗号業界においては珍しいことではないと思います．例えば，アカデミアにおいてこれは困難であるという問題を見つけ出して，それを暗号に落とし込むとしましょう．もちろん，暗号は使えないと意味がありません．例えば，暗号化できたとしても復号できなければ意味がないので，使えるようにするために，いろいろと手を加えていかなければなりません．そうして出来上がった暗号は最終的に，最初にあった困難な問題の亜種のようなものであって，それが安全なら安全に使えるというように，アカデミアから生まれてきたものとは少し違う問題になっているわけです．実は産業界で実際に使うために生まれてきた問題を，今度はアカデミアに戻して数学上の問題として解くというようなやりとりが，暗号業界では比較的起こっています．

早水●池さんのような方がまさに産学の頭脳循環のロールモデルなのだろうなと感じました．東大で数学博士を取って産業界へ飛び出して活躍され，そこで終わりではなくて，その経験を踏まえた形でまた東大に戻ってくるという形になっている．本当に直接的な頭脳循環の状況になっていると思いますので，そういう人がもっと増えることが望ましいと思います．

一方で，私は医学から数学，理工学に出ましたので，所属は (専門分野も) 戻っていません．だから，いろいろな人から「早水さんは医学には戻らないのですか」みたいなことをよく言われます．そうではなく，医学から離れたところでできる医学への貢献の仕方というのもあるのだというふうに思っていて，それも頭脳循環の一種では，と感じているので，もっと広く認知されればいいなと思っています．

高津●池さんが仰っていたように，いろいろ循環できることはとてもいいことだと思いますし，もっと数学の中で閉じている話で，学生さんが学部 4 年になるときに所属するゼミの相談に来たときに「別に大学院に進学するときに先生を替えてもいいし，トピックは変えてもいいんだよ」と言うと「えっ!?」と驚く学生さんが少なからずいます．トピックや分野を変えることは，前例がないわけではありませんが，とてもエネルギーが要ることなので，その結果，敬遠されているように思われているのかもしれません．

そして頭脳循環はいいことかどうなのかというのはもっと議論が必要だと思いますが，これと決めたらそれ以外は駄目というのは窮屈で疲れてしまうので，私自身は頭脳循環に賛成ですし，早水さんや池さんのような人がいた場合に「えっ，そんなにいろいろできてすごいね，楽しいね」という，何かポジティブ&ウエルカムな人でありたいなと思います．

吉脇●お聞きしていて思うのですが，大なり小なり閉鎖性を感じるところがあると思います．最後に高津さんが仰っていた，トピックを変える際に良く思われない雰囲気があるということは個人的にもよく分かります．改めて思うことは，数学は理論を深めることで評価される分野だとは思いますが，もう少し視野を広く，人材育成なども意識して進めていくべきだと思いますね．

高津●分野を変えたといっても，周りの感覚では青が青緑に変わった程度の変わり方なのですよね．青からいきなりラッパに変わるとか，そういう変わり方をする人は池さんと早水さんくらいかなと思いますが…．数学者は青から青緑に変わっただけで，結構「うわっ，変わったね」という感じで，でも別に変えてはいけないと明言されているわけではなくて，何か「えっ，変えるの？ 何で？」みたいな雰囲気かなと．

池●私も早水さんと割と近くて，そんなに変えているつもりはないのですが…．自分のやりたいことをやっていったらそうなっていただけで，そんなに変わっていないような気がします．私も，さきほど吉脇さんが仰っていたように，全員でなくてもいい，ちょっとだけ，視野を広げてほしいというのが，一番思うところではありますね．

吉脇●代数を専門としている私としては，位相的データ解析に研究分野をシフトしたときに「数学やっていないんじゃないの？」というふうに思われていた節はあります．

井上●今やっていることを理解したり深めたりすることになかなか時間がかかると思っているので，分野のトピックを変えるのは，興味の赴くままに少しずつ，ということであればさほどリスクがないような気もするのですが，がらっと変えるというのはかなりリスキーですよね．例えば学生さんにとっては，あと数年で就職先を決めないといけなかったりするわけです．そこでトピックを変えてもいいと言われても「どうしようかな，楽しそうだけれど飛び込むのはハイリスクだな」と思ってしまうのは仕方のないことかもしれませんね．

高津●日本は転職に渋い顔をする人が結構多いですよね．一度勤めた会社は定年まで行くんだと．一方，例えばヨーロッパではそのようなことはない気がするので，数学界で「分野を変えないほうが良い」という雰囲気があるというのは,「日本の」数学界で，と,「日本の」という枕詞を一応つけておきたいです．

若山●高津さんが仰ったとおりだと思います．例えばアメリカの大学だと，そもそもメジャー／マイナーという考え方があります．先日，あるシンポジウムでもお話ししたのですが，例えばカリフォルニア大学のサンディエゴ校は，直近 8 年間で数学をメジャーとする人たちの数が 6 倍近くになっているそうなのです．それはなぜかと思って，学科長だった私の友達が学生にランダムに聞いてみたところ，簡単に言うと「得だから」という理由だそうです．数学の大学院へ行こうという人もいるけれども，そればかりではなくて，別分野の大学院に行く，それから企業に就職するときも得だと．授業料は高額ですが，やはり数学をやっていると得だろうというのは親も知っているというのです．すでにそういう社会であるというのが日本と違う．メジャー／マイナーがあるので，大学院というか，卒業してから違う方向に進む人たちが友人の中にいるわけです．それがとてもいい点だなと思っています．

先ほど定式化の話がありました．やはり産業界の問題や諸科学の問題に数学から迫ろうと思ったときに，定式化としては，数学的に問題をアイデンティファイ[19]することと，明示的に数学の問題としてフォーミュレート[20]することという 2 段階があると思うのです．前者も大変な作業で，後者は解きやすいように定式化するということが重要です．この 2 段階をうまく，いろんな人に理解していただくというのが大切かなと思っています．

それに加えて，領域を変えるということについてですが，私の学生たち，特に博士課程に来ていた学生——昔九大にいたときに 10 人くらいいましたが，必ず二つのことを勉強するようにすすめていました．土を掘るときでも，掘る範囲を直径 1 メートルに制限して深さ 1 メートルの穴を掘るのはなかなか難しいけれども，広大な土地で深さ 1 メートルの穴を掘ることだけに集中すれば簡単に掘ることができる．なので最初から，関心を一つに狭めるか，複数に広げておくかというのは大きな違いがあります．かといってあまり多いのも落ち着かないので，メジャー／マイナーくらいの設定がいいのかなと思っています．

やはりいろいろな人と付き合うというか，多様なコミュニケーションの機会があるのは，基本的に面白いはずなのですよね．皆さんには，どんどん周りを刺激していっていただけたらと思っています．

将来への期待

吉脇●では最後に，数学関係の若い方へ向けて将来への期待についてお一人ずつお話しいただきたいと思います．また，池さんと井上さんには，企業で研究することのメリット／デメリットと，基礎科

19） identify のことです．ここでは，「数学の問題として疑問の課題・問題をとらえる」という意味で使われています．

20） formulate のことです．ここでは，「目的達成のために，解ける (答えに至るために解きやすい) 形に，問題を数学の言葉など (記号や式，最近では矢印でもいいかもしれませんが) を使って記述する」という意味で使われています．

学に対する意識の違いというのも少し盛り込んでいただければうれしいです.

池●企業で研究することのメリット／デメリットですが，メリットの一つは任期がないことですね．任期がなくてお金の心配があまりないことはかなり大きいことだと思います．これは間違いなく，かなり心の安定が得られるとは思います.

あとは考え方によると思いますが，社会還元が早いという性質があるので，ある意味でモチベーションが保ちやすいということはあるかもしれません．大きな影響が与えられやすいので，何か大きな仕事ができるというのはあるかもしれないですね.

デメリットは，基本的にプロジェクトでやることが多いので，必ずしも自分がやりたいことができるというわけではないということと，期間が決まっていて 1 年単位などでテーマが変わるので，数学と比べるとあまり一つのことに集中できないという点はあると思います.

将来への期待は，先ほども述べましたが，数学科を出てもいろいろな視点があるということをもう少し分かってもらいたいです．そういうふうになることを目指して，自分も頑張っていきたいと思います.

井上●企業で研究することのメリット／デメリットですが，メリットとしては (人によってはデメリットかもしれませんが)，いろいろな人と関わることができる点でしょうか．NEC は大企業に分類されると思いますが，さまざまな分野の研究者が周りにたくさんいて，こういうことに困ったらあの人に聞けばよいとか，そういう環境はかなり得がたいものなのでは，と思っています．ミーティングなどでさまざまな分野の情報が自動的に入ってくるので，いろいろな領域のことを少しずつ知ることができる，そういう環境は整っていると思います．池さんが仰ったように事業化までやってなんぼ，というのが企業の研究という感じなので，数学から工業，産業へという一連の流れが体験できるというのも大きいところだと思います．

デメリットとしては，池さんと同じですね．自分の研究の方向性を必ずしも自分で決められないという点がデメリットでしょうか．上のマネジメントの一存で,「この研究，終わり」という感じのことも結構ありますし….

次に，大学と企業の研究や基礎科学に対する意識の違い．これは既にここでも話が出ましたが，やはり「出口」の違いというか,「外に出すことを見越した研究をしてね」というように奨励されます．チームによっては，業界のプレゼンス[21)]向上のために比較的アカデミア寄りの論文投稿を奨励される場合もあり，私はどちらかというとこちらの側に属しているのですが，研究所全体として見るとまれです．企業にとっては，投資に近い基礎研究などにはマネジメントが消極的になるのは仕方のないことかと思います．

将来への期待としては，できる限りいろいろなことにチャレンジして，好きなことを突き止めたり，回り道を楽しんでほしいです．役に立ったか，などと考えずに好きなように学習をしていただけたらいいなと思っています．

早水●この座談会を読んだ方々には，数学といってもいろいろなバックグラウンドの人，いろいろな考えを持った人がいて，いろいろなことをしているんだなということがおそらく分かっていただけたと思います．自分は何学科だから，自分はこういう状況に置かれているから，将来こういうことはできないなどと思わないのが一番大事だと思うのです．可能性を自分で狭めたらそこで終わってしまうので，とりあえず何でも挑戦してみるというのが大事ですし，幸

21） presence のことで，存在という意味です．ここでは存在意義というニュアンスで使われています．

いにも現代は，やってみたほうがいいよという追い風が吹いているような時代かなと思うので，果敢に挑戦していってもらえたらと思います．

高津●まず「時代を担う」と将来の世代に向けて言うのではなく，自分たちで担う気概でいたいと思っています．若い人たちへの「これからの時代を担うんだからね」とか，そういう言葉は，励ましを装った励ましではない言葉だと私は思っています．だからあまり周りを気にしすぎないで，自分の好きなことをやるのが一番だと思います．何をやろうが，何をやるまいが，何かを言ってくる人はいるので，だったら好きなことを思い切り思うがままにやるのがいいと思います．

松江●将来への期待というのは，私は自分にはできないことへの依存や諦めのように聞こえるので，基本的に持つのは反対です．我々の世代は，期待を持つ側ではなく持たせる側だと私は認識していますので，特に我々の世代，あるいは上の世代の方々が，個々のやり方，生き方を見せるべきだと考えています．我々のこういう異分野の連携の活動に興味を持ったり，自分の進む道に不安を感じたりしている人がいれば，池さん，井上さん，早水さん，高津さんをはじめとした修羅場を生き抜いている方々がいるので，一応自分も含めて，

「我々の生き方を見ろ」

これだけです．

吉脇●格好良く締めていただきましてありがとうございます (笑).

第1章 データマイニングと知識発見

統計学とは，与えられたデータから特徴量を分析し，全体の性質や将来の予測などを行なう学問です．コンピュータが現在ほど発達していなかった時代においては，得られるデータのサイズも十分なものではなく，その中でいかに正しく解析するかという問題に立ち向かうための強力なツールとして，統計学が重要視され，発展を続けてきました．

ところが近年においては，コンピュータの進歩は目覚ましく，ビッグデータと称されるほどの膨大なデータを得られるようになりました．十分なデータさえあれば統計学は必要ないのでは，という考えも一部ではあったようですが，すぐにそれは間違いであったという認識が広がりました．なぜなら，あまりにもデータが過多になってしまうと，どうしてもノイズ (誤ったデータや不要なデータ) が含まれてしまい，正しい解析・予測がかえってできなくなるという現象が起こるためです．このことから，統計的手法は今後も非常に重要であり，また「どのようにして正しくデータを選び出せばよいか」という新しい問題が生まれました．これは**データマイニング** (data mining) とよばれる分野で，現在活発に研究されています．

本章ではこの分野で活躍されている，山西健司氏 (東京大学) と上田修功氏 (NTT・理化学研究所) の事例から，現代のデータマイニング技術の現状を追ってみたいと思います.

1.1　変化検知と変化統計量

まず山西氏の研究事例として,「変化検知」というデータマイニングにおける古典的な問題と「予兆検知」という新しい問題について紹介しましょう.

例えば東証株価指数 (TOPIX) の推移について考えます. ギザギザのグラフが指数の時系列を表しますが, この各時刻に変化点のスコアをつけるアルゴリズムがあったとして, スコアが立ち上がった (大きくスコアが上昇した) ところを変化点とよぶことにします. この例においては, ブラックマンデー直後やバブル経済の衰退 (経済恐慌), もしくは大震災などの大きなイベントにスコアの立ち上がりが対応しており, 変化点ととらえられます. このような変化点をとらえることを**変化点検知** (change detection) とよびます.

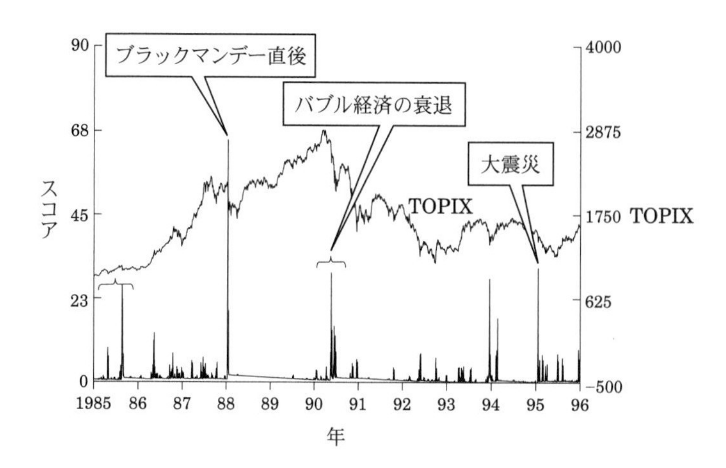

図 1.1　1985 年から 96 年までの東証株価指数 (TOPIX) の変化点検知

表 1.1　変化検知におけるデータとイベントの対応

時系列データ	変化点に対応するイベント
通信ログ	マルウェアの発生
計算機利用記録	犯罪の発生
システム動作記録	障害発生
工場センサーデータ	事故の予兆
ツイート	新規話題の出現
不動産取引記録	経済危機
トランザクション	市場トレンドの出現
視野検査データ	緑内障疾患の兆候

このような変化点検知の意義は，重大なイベント発生の早期検知を促すことにあります．この意味で，変化点検知は知識発見に直結する技術といえるでしょう．時系列データにはいろいろな種類があり，例えば通信ログでは変化点はマルウェアの発生に対応することが多くみられます．ほかにも，計算機の利用記録では変化点は犯罪の発生に，システム動作記録では変化点は障害の発生に，SNS における発言は新規話題の出現に関係すると考えられます．

このような変化点を求めるための数理的手法はいくつかありますが，以前からよく用いられてきたものとして **KL 情報量** (Kullback–Leibler divergence) があります．これは時系列の背後に確率分布を想定し，各時刻前後の分布の KL 情報量

$$D(p_2||p_1) = \sum_x p_2(x) \log \frac{p_2(x)}{p_1(x)}$$

を求め，この値が大きくなるときに突発的な変化が現れたと考える手法です．ここで p_1, p_2 はそれぞれ変化点より前，変化点より後の発生確率を表します．実際にガウス分布の平均が変化する場合や，分散が変化する場合，それぞれに対して KL 情報量を計算すると，適切に変化をスコアリングできていることが観察できます．しかし

ながら，実際の確率分布は未知ですから，データから正しい分布を推定できなければいけません．つまり，推定に伴うコストも加味した，KL 情報量に代わる理論的な裏付けのある統計量をみつける必要があります．

そこで山西氏らは，分布が未知の場合の変化指標として **MDL 変化統計量** (Minimum Description Length change statistics) とよばれる統計量を提案しました ([1], [2])．これはデータ圧縮の原理に基づき，変化の度合いを定式化することを目指すもので，具体的には以下のような式で定義されます．

$$\Psi_t = \frac{1}{n}\left\{\mathcal{L}\left(x_1^n\right) - \left(\mathcal{L}\left(x_1^t\right) + \mathcal{L}\left(x_{t+1}^n\right)\right)\right\}$$

これは与えられた時刻 t に対し，その前後で同じモデルを使ってデータを圧縮したときの記述長 $\mathcal{L}(x_1^n)$ に対し，その前後で異なるモデルを使ってデータを圧縮したときの記号長の総和 $\mathcal{L}\left(x_1^t\right) + \mathcal{L}\left(x_{t+1}^n\right)$ がどれだけ短くなっているのかを求めるもので，データ圧縮の度合いをもって変化の度合いを計測するというものです．実際，特定の条件をみたす場合には，漸近的に KL 情報量を近似することが知られています．

山西氏らの研究では，ここで確率分布の概念の代わりに記述長 (符号長) の概念を用いています．いま，仮想的な通信問題を考え，情報をビット系列に変換することを考えます．これが符号化に対応するのですが，異なる情報に対しては「一意に」「誤りなく」「正しく」異なる情報として復元できるように符号を設計しなければいけません．情報理論においては，そのための必要十分条件が知られており，符号長を表す関数を含んだ不等式評価が得られています (クラフトの不等式)．これを用いると，逆に符号長から確率分布を定義することが可能となり，分布が未知の場合において有効な手法といえます．

また，符号長を最小化することは，一般的な意味での尤度を最大化してモデルを推定することと等価になっています．このような数学的原理を **MDL 原理** (記述長最小原理) とよび，情報と統計を結びつける一大原理として知られています ([3], [4], [5]).

以上の MDL 変化統計量は，指定された時刻で変化があったのか，もしくはなかったのかを検定する際の統計的検定量としても使うことができます．あるしきい値よりも MDL 変化統計量が大きくなれば変化ありと判断し，そうでなければ変化なしと判断すればよいわけです．

さらに重要なポイントとして，変化の過誤 (変化のありなしを誤って検知すること) が生じる確率を抑えることにも成功しています ([1], [2])．加えて，このような過誤が発生する確率をどの程度まで許すかをパラメータで与え，これを用いて適切なしきい値を計算することも可能となっています．これにより，多種多様なデータが連続して到着したとき，データの種類やサイズに応じて変化アラートをあげることができます．これは上述の符号長を用いたアイデア (正確には正規化最尤符号長の理論) を考えることで初めて可能となっています．

以上の理論を用いた現実問題への適用例を 2 つほど紹介しましょう．1 つはセキュリティの分野における事例です．アクセスログのデータを同一の IP や URL の通信数の時系列データに変換し，MDL 変化統計量を適用します．その結果，SQL インジェクションとよばれるマルウェアの発生と，その予兆に相当するスキャニング行為に対して正しく検知が行われていることが観察されました．もう 1 つはセンサーデータからの障害検知の事例で，とある工場に設置された 40 次元のセンサーデータを分析したケースです．工場におけるある種の事故が発生する予兆を検知したいという要望を受け，過去のデータからガウスモデル (Gaussian モデル) と線形回帰モデルに MDL 変化統計量に基づく変化検知を適用したところ，事故の発生する 1 週間前に変化が検知されていることが判明しました．変化が検知された時点のデータを調べたところ，事故の原因が特定されたということです．この事例は，変化検知が知識発見を促す重要な事例であるといえるでしょう．

1.2　より困難な変化予兆検知に向けて

ここまでに考えてきた変化というものは，事件・事故の発生といった突発的変化でした．しかし，一般的に我々の身の回りで起こる変化というものはむしろ，ほとんどがそうではなく，徐々に変化が起こっていき，いつの間にか気づけば大きな変化に成長していたというケースがほとんどです．このような変化を**漸進的変化** (gradual change) とよび，漸進的変化の開始点を**変化予兆点** (change sign) とよびます．この点を即座に検出することはとても難しいので，ここでは変化予兆点をできるだけ早期に検知することを目標としましょう．

まず各時刻の前後の真の確率分布の KL 情報量は計算可能であるとします．このときの変化をグラフにすると，変化予兆点の前後で増減が発生し，それ以外では一定の値をとります．つまり時間微分を考えれば，微分値が立ち上がるポイントが変化予兆点に対応すると考えられます (図 1.2)．言いかえれば，変化予兆点を検知するためには KL 情報量の微分値に着目すればよいことがわかります．しかし，真の確率分布は未知のままですから，データから推定しなければならないという課題は残ります．そこで KL 情報量の微分値の代わりとして**微分的 MDL 変化統計量** (Differential–MDL change statistics) というものを考えます．D–MDL 変化統計量とよばれることもあります．数学的には以下のように，MDL 変化統計量の 1 次および 2 次の微分を用いて与えられます．

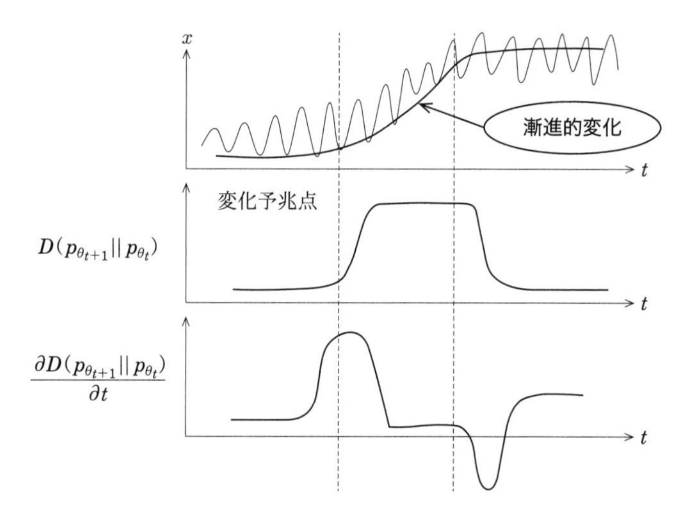

図 1.2　変化予兆検知.
漸進的変化の開始点 = 変化予兆点を KL 情報量の微分で捉える.

$$\Psi_t^{(1)} = \Psi_{t+1} - \Psi_t, \quad \Psi_t^{(2)} = \Psi_t^{(1)} - \Psi_{t-1}^{(1)}$$

$\Psi_t^{(1)}$ と $\Psi_t^{(2)}$ は，それぞれ MDL 変化統計量の「速度」(velocity) および「加速度」(acceleration) に対応します.

このうち，1 次の D–MDL 変化統計量は統計的検定量としての意味を持ちます．具体的には，変化が時刻 t で起きたのか，それより先の時刻 $t+1$ で起きたのか，この何れかの場合を検定する際に，この値が特定のしきい値よりも大きければ，時刻 $t+1$ のときに変化があったと判定するということです．また過誤 (誤り検知) についても，理論的に解析・導出することが可能となっています.

2 次の D–MDL 変化統計量についても，時刻 t で変化があったのか，もしくはその前後で「曲率をもつ変化」があったかを検定する検定統計量としてとらえることができます．その際の過誤 (誤り検知) が発生する確率も同様に評価し，適切なしきい値の選定に用いられます.

以上の理論を用いることで，変化検知と変化予兆検知を階層的に行なうアルゴリズムを設計することが可能となります．実際，このアルゴリズムを用いた実問題の解析例もいくつか知られています．例えば世界的感染症として 2020 年に流行した COVID–19 のパンデミック解析 ([6]) においては，ECDC[1] という機関が発行している各国感染者数の時系列データを用いた山西氏らの研究があります．ここではモデルとしてガウスモデルと指数的成長モデル (Exponential Growth モデル) が用いられました．とくに指数的成長モデルにおいては，累積感染者数が指数的に増大する際の指数が，基本再生産者数に比例することが知られているため，基本再生産者数の変化検知を行なうことと等価になっています．

以上のような解析を，2020 年 4 月末の時点で累積感染者数が 1 万人を超えた 37 か国に対して行なったところ，感染爆発に相当する 106 個の変化点が検知されました．このうち 64%については，平均約 6 日前に予兆検知がみられました．さらにソーシャル・ディスタンスの徹底が始まる前に変化予兆検知を高々 5 つに抑えられた国については，感染抑制に対応する変化点までの期間が平均約 1 か月と，有意に短いことも判明しました．このような分析は完全に**データドリブン**[2] (data–driven) の手法に基づくものです．

1.3　潜在構造変化検知と予兆検知

D–MDL 変化統計量は非常に有用な指標ですが，微分を考えるという点で「連続的なパラメータの変化を検知する」場合のみに適用範囲が制限されます．それでは，離散的に変化するような場合はど

1)　European Centre for Disease Prevention and Control の略.

2)　得られたデータのみからシミュレーションを設計したり，傾向分析を行なう手法のことをさします．既存の結果や経験に依存しないアプローチ全般をさして呼称されることもあります．

のように対応すればよいのでしょうか．ここではその例として，離散的な潜在構造の変化検知について考えてみることにしましょう．

時系列として入ってくる多次元データを理解するために，比較的似た性質をもつデータをまとめて分析することを考えます．これを**クラスタリング** (clustering) とよびます．これにより，いくつかのクラスターが観察されますが，これが潜在構造となります．クラスター数という離散構造は時間経過によって変化していきますが，この変化検知を行なうことができれば，マーケットの行動パターンなどの変化を分析することが可能となります．これは**潜在構造変化検知** (latent structure change detection) とよばれますが，実はこれは MDL 原理を用いて実現することが可能です ([7], [8])．より詳しく述べると，クラスター構造の時系列を求めるために，モデルとデータはともに未知の確率モデルに従って時間的に推移していると仮定し，MDL 原理の理論に帰着して符号長を最小にするモデル系列を求めるというアプローチをとります．動的に適切なモデルを特定できるかが，この手法の重要なポイントといえます．

この手法をマーケティングデータ解析に応用した例を 1 つ紹介します ([9])．約 3000 人に対し，14 種類のビールの購買履歴を示すデータが与えられたとき，潜在構造変化検知の手法を用いてクラスター分析を行なったところ，年末年始のある点でクラスター数の変化を検知しました．そこで新しく生まれたクラスターに属する層の購買履歴を調べたところ，年末商戦に喚起された，通常とは異なる需要に対する購買パターンのクラスターとみられることが判明しました．しかもこの層は，特定のプレミアムビールを好んで購買するという共通点もみられました．この例は，市場動向に関する知識発見のよい例になっているといえるでしょう (次ページ図 1.3 参照)．

最後に，潜在構造変化の予兆検知について考えてみましょう．クラスターなどの構造は離散的なものですから，その変化は突発的に

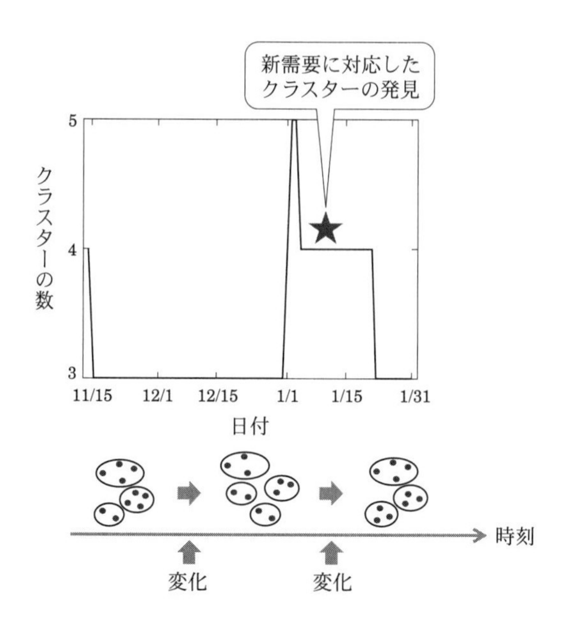

図 1.3　実験：市場構造の変化検知．[9] からの引用．
年末需要がある時刻でクラスター数の変化を検出．2010 年 11 月 1 日から 2011 年 2 月 1 日までの混合ガウスモデル (顧客数 = 3185 人，ビール (銘柄) の種類 = 14)．
データ：ビール購買履歴 (博報堂，M–CUBE 社提供)．

起こるものと考えられがちです．しかし，例えばクラスター数が 3 から 4 に変化する際に，どちらともつかない状況が発生します．このような，モデル選択に伴う不確実性を定量化して，これが最大になったところで潜在構造変化の予兆が生まれたと考えることができます．このような定量化を**構造的エントロピー** (structural entropy) とよびます．これはモデルの事後確率に関するエントロピーとして定められます．山西氏らは実際に構造変化が発生する 3, 4 日前に構造的エントロピーが高くなることを明らかにしました ([10])．先ほどのマーケティングの例にあてはめれば，新しい購買パターンが出現する予兆を検知できていることになります．

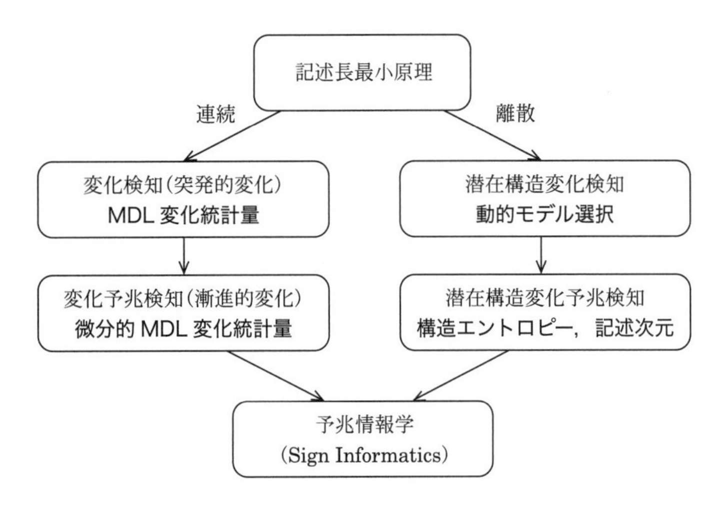

図 1.4　予兆情報学

これまで紹介してきた方法論は，現在では医療や経済にも幅広く展開をみせています．予兆をとらえるための手法はほかにも数多く存在しますが，これらを統合し，予兆情報学という分野として発展していくことは 1 つの到達点といえるでしょう．

1.4　関係データ解析と統計的学習

さて，ここまでは山西氏の事例を通して，情報理論にベースを置いたデータ解析について紹介してきました．ここからは少し話題を変えて，統計的学習理論をベースとして出た解析について扱っていくことにしましょう．いくつかの実例は，上田氏の研究事例に基づくものです．

まず今回のテーマとなるのが**関係データ** (relational data) とよばれる対象です．関係データとは，それぞれのつながりからなるデータのことで，例えばサーバの TCP/IP の通信状態や購買履歴の情報，SNS における友人の関係といったものが挙げられます．このような情報をもとに，背後にひそむ隠れた関係性を抽出しようという試みを**関係データ解析** (relational data analysis) とよびます．

具体的に解析するための観測データは，例えばオンラインショップの購買履歴においては，ある人が何を何個購入したという情報で与えられます．SNS 上でのやりとりでは，A さんが B さんにダイレクトメールを送ったり，友達申請をしてつながったという情報となります．このような情報は，一般的に行列による表現で表されるため，数学的には線形代数の範疇にあたります．

ここで重要なことは，このような解析を実際に行なう際に**個人情報は一切与えられない**という点です．例えば購買情報分析においては，個人情報保護の観点から，年代や性別などの顧客情報が全くわからない情報だけで適切なデータ分析を行なう必要があるというわけです．そこで具体的な解析においては，関係データを表す行列の行と列をうまく並び替えることで，特徴が見えるように工夫するという手法が用いられます.「この辺の人々はこういうものをよく買う傾向にありますね」という分析であれば，これでも十分可能です．

現実問題としては，行列のサイズは非常に大きくなる傾向にあり，とても手計算による並び替えはできません．そのため，これらを自動計算することが肝要となります．そこで用いるのが統計的学習の手法です．まずはこれについて簡単に解説しましょう．

まず観測データを観測変数 x_n で表し，観測に現れない変数として潜在変数 z_n，さらにパラメータ Θ を用いて

$$p(x_n, z_n; \Theta)$$

という確率関数を考えます．いま，このような確率関数から定まる確率モデルから，データが生成されていると仮定しましょう．潜在変数は，このモデルが柔軟にはたらくためにコントロールする調整パラメータであり，この適切な選定が鍵となります．さらに，

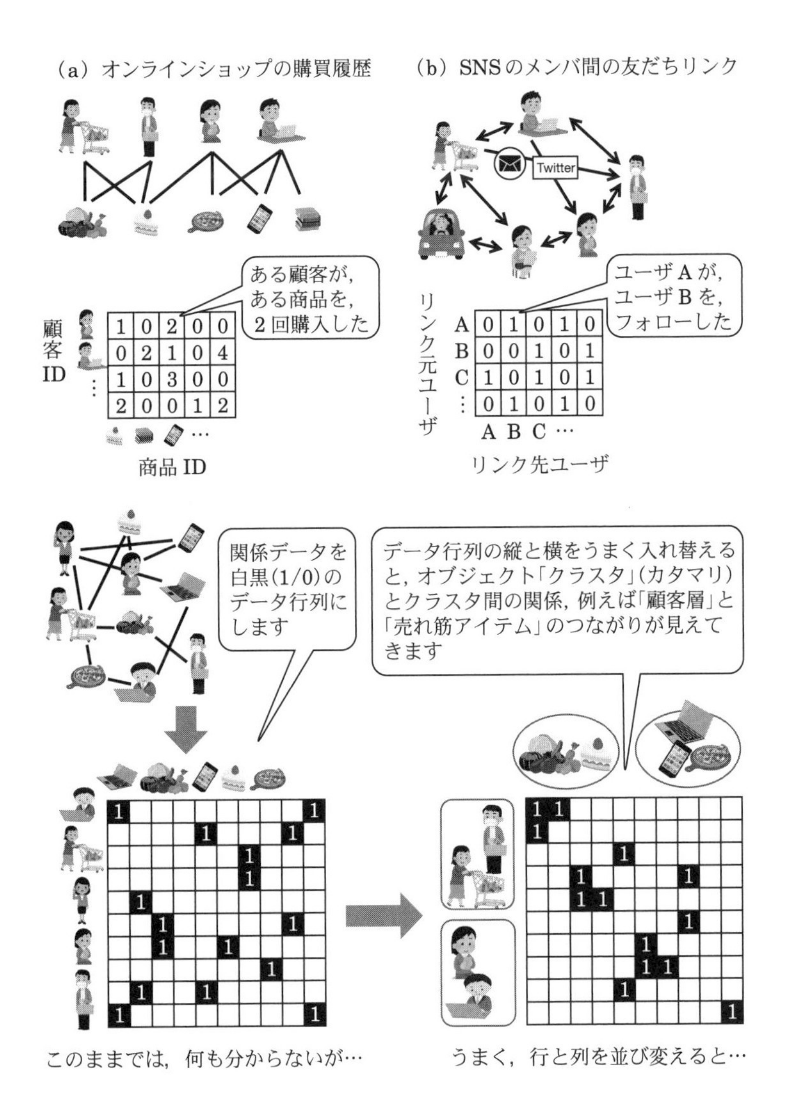
(a) オンラインショップの購買履歴
(b) SNSのメンバ間の友だちリンク
Twitter
ある顧客が，
ある商品を，
2回購入した
顧客
ID
1 0 2 0 0
0 2 1 0 4
1 0 3 0 0
2 0 0 1 2
商品 ID
ユーザAが，
ユーザBを，
フォローした
リンク元ユーザ
A 0 1 0 1 0
B 0 0 1 0 1
C 1 0 1 0 1
0 1 0 1 0
A B C …
リンク先ユーザ
関係データを
白黒(1/0)の
データ行列に
します
データ行列の縦と横をうまく入れ替えると，オブジェクト「クラスタ」(カタマリ)とクラスタ間の関係，例えば「顧客層」と「売れ筋アイテム」のつながりが見えてきます
このままでは，何も分からないが…
うまく，行と列を並び変えると…

図 1.5　関係データ解析

確率モデルを特徴づけるためのパラメータを付加することもあります．これらの議論はベイズ理論 (Bayes theory) に基づいており，統計的学習もベイズ推定に基づいて事後分布を推定するという手法がとられています．より正確には**ノンパラメトリックベイズ理論** (non–parametric Bayes theory) とよばれるものを用いて推定を行ないます．

ノンパラメトリックベイズ推定においては，潜在変数の事前分布をどう定義するか，クラスタリングをしたい場合はクラスター数をいくつに設定すべきかということに着目します．これについては **AIC** や **BIC** といった，いくつか有名な情報量基準があります[3)]が，このような組み合わせ的問題を考える場合は，すべてのケースを計算してどのモデルが最適化かを考えるという戦略はあまりに非効率です．さらに推定したい問題のそれぞれに対して異なる仮定条件があるため，任意のデータに対して広く利用できるものでもありません．このような困難を回避できる理論の1つがノンパラメトリックベイズ理論なのです．

1.5　ノンパラメトリックベイズ理論とモデル

ノンパラメトリックベイズ理論は，1973年に統計学の大家ファーガソン (T.S. Ferguson) が**ディリクレ過程** (Dirichlet process) を定義した論文 ([11]) を発表したことが発端となっています．統計的学習の分野においてはしばらく注目されていませんでしたが，1990年代半ばに R. Neal によって無限中間層のニューラルネットワークが提案されたことが契機となりました．当時，この分野の研究者たちの見解は，ただでさえ難しい問題に無限中間層というセッティングを考えるのは無謀であるというのが大半で，最初は誰も相手に

---

3) 次章で詳しく紹介します．

していなかったといいます．ところが，2000 年頃に機械学習の大家である M. Jordan が，この分野，とくに NIPS[4] の分野においてディリクレ過程が有用であることを指摘し，瞬く間に流行したのです．その後，2010 年頃までに数多くの論文が出版されましたが，近年でも新しい展開がみられているようです．

さて，まずはディリクレ過程について説明していきましょう．まず**ディリクレ分布** (Dirichlet distribution) とは，(本稿では) 非負であって和をとると 1 となるような k ($k \geq 3$) 個の変数の同時分布 $\theta_1, \cdots, \theta_k$ と考えて差し支えありません．例えばサイコロの場合を考えると，1 から 6 の目が出る確率を $\theta_1, \cdots, \theta_6$ としたとき，これらの同時分布がディリクレ分布に従うという理解です．このとき，変数の個数 k は有限の値で固定されています．これを無限個に拡張したもの，すなわち無限種類の離散変数を生成できるように

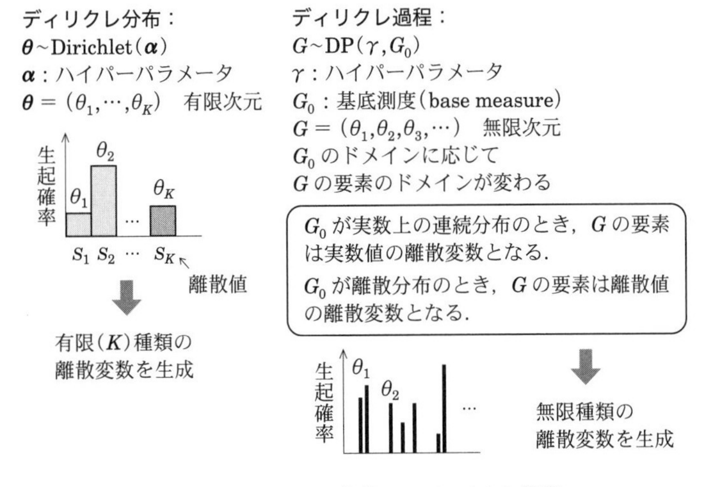

図 1.6 ディリクレ分布 vs. ディリクレ過程

4) Neural Information Processing Systems の略.

したものがディリクレ過程です．ここでは基底分布というものを考えますが，これが実数上の連続分布のときは $\theta_1, \theta_2, \cdots$ の各要素は実数値の離散変数となります．また基底分布が離散分布のときは，$\theta_1, \theta_2, \cdots$ の各要素は離散値の離散変数となります．

ディリクレ過程を定めるもう1つの要素が**ハイパーパラメータ**とよばれるもので，ここでは γ とおきます5)．この γ の値が小さくなるにつれて，基底分布に従うような分布に近づく性質をもちます．このような性質を用いた確率過程の例として知られているのが **Chinese Restaurant Process** (CRP) とよばれるもので，1985年に D.J. Aldous によって提唱されました ([12])．この名前はある比喩が由来で「中国人はおしゃべりが好きなので，レストランに行くと人がたくさん座っているテーブルに好んで座るのだ」という話に基づいています．

潜在変数 z_i として，クラスタリングに属する人の例を考えてみます．このとき，第 i 番目の人はどのテーブルに座るかという事象を，以下のような確率過程で規定します．

$$P(z_i = k | \{z_1, \cdots, z_{i-1}\}, \gamma) = \begin{cases} \dfrac{m_k}{i-1+\gamma} & \text{人がいる} \\ \dfrac{\gamma}{i-1+\gamma} & \text{人がいない} \end{cases}$$

ここで m_k は k 番目のテーブルに (すでに) 座っている人数とし，「人がいる」「人がいない」とはそれぞれ「人が座っているテーブルに座る」「人が座っていない (新しい) テーブルに座る」という意味です．この定義から，ハイパーパラメータ γ を動かすことで，どのテーブルに座るかどうかを調整することができます．CRP モデルの重要なポイントは，この確率過程は座る順序によらないという

5) ハイパーパラメータ自体は，ディリクレ分布においても登場するパラメータです．

点です．この性質を**交換可能性** (exchangeability) とよび，これによってベイズ推論 (ギブスサンプリング) が適用可能となります．

次に，上田氏の研究事例から **IR モデル** (IRM：Infinite Relational Model) を紹介します．こちらもディリクレ過程と CRP の交換可能性を応用した事例です．

例えば k 人の人がいて，1 番の人が 3 番の人にメールを出した後，5 番の人にもメールを出したとします．さらに 2 番の人は 7 番の人にメールを…というやりとりをデータとして記録しておきます．この記録を行列の形にしておき，ディリクレ過程を用いてクラスタリングを行ないます．ここでさらに，各クラスター間の関係

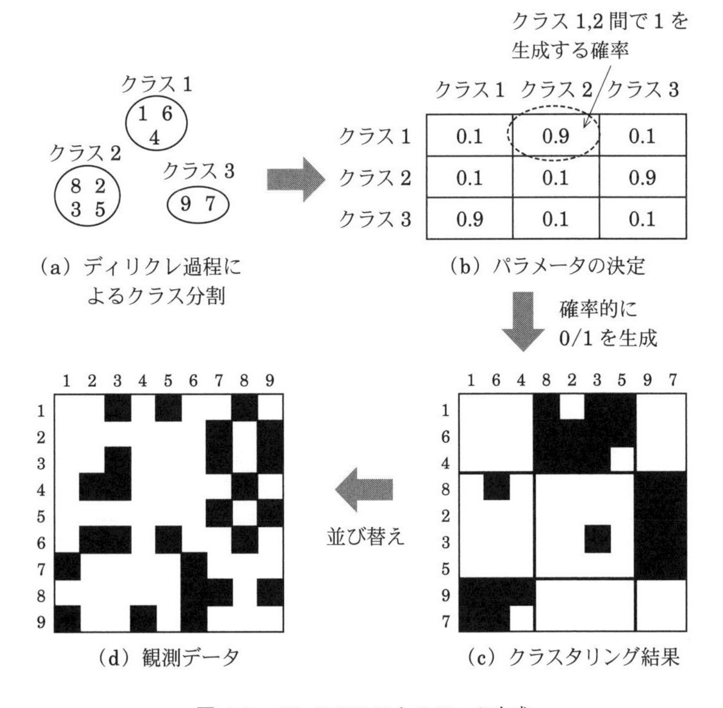

図 **1.7**　IR モデルによるデータ生成

(パラメータ) を，ベルヌーイ分布を用いて測ります．最後に，データのインデックス (ここでは人につけた $1, \cdots, k$ のラベル番号) を並べ替えることで，メイルのやりとりが生じたクラスター (とくに長方形クラスター) がはっきりと観察できるようになる，という手法です．

もう少し数学的に解説します．潜在変数を Z^1, Z^2 (ただし $Z^i = \{z_1^i, \cdots, z_k^i\}$) とすると，$P(R|Z^1, Z^2)$ が (Z^1, Z^2 が既知のとき) 関係 R の生成モデルとなります．これが先述のように行列の形で表されているとして，$P(Z^1)$ と $P(Z^2)$ をそれぞれ R の行方向と列方向の CRP とします．このとき，事後確率

$$P(Z^1, Z^2|R) \propto P(R|Z^1, Z^2)P(Z^1)P(Z^2)$$

を最大にするような Z^1 と Z^2 を割り付けることが，事後確率最大の観点では最良の解となります．ただし，Z^1, Z^2 のすべての組み合わせを計算するのは NP 困難であるため，現実的ではありません．そこで CRP の交換可能性を使って，ギブスサンプリング (モンテカルロサンプリング) により効率的に近似解を求める，というのが核となるアイデアです．

このような手法はいくつか応用例があり，例えばビデオストリーミングサービスにおいて，特定のジャンルを頻繁に視聴していることがわかれば，似たような作品をおすすめするといった，レコメンデーションシステムへの援用などが知られています．

1.6　ノンパラメトリックベイズ理論の拡張

上田氏らの研究チームは，これまでの研究結果をもとに更なる一般化を試みました．IRM の延長線上にある結果を最後に紹介しましょう．

IRM は長方形クラスターを生成する手法で，図形的には直積的

な分割を与えるものでした ([13]). これに対し, 2008 年に D.M. Roy らが発表した手法は階層的な分割を与えるものでした ([14]). これは直積的な分割よりも多くのバリエーションを生成することができ, 適用できるデータも増えています. そこで上田氏のチームに所属していた中野允裕氏は, 2014 年に **Rectangular tiling process** とよばれる手法を提案し, 任意の長方形分割を実現しました. しかしこの場合, モデルが複雑になるため推論が難しく, 大規模データへの適用ができません. この障害のため, ノンパラメトリックベイズ推定を用いたデータ解析の研究は一旦ストップしてしまいました.

ところが, 数年後転機が訪れます. あるとき, 中野氏が上田氏に「**バクスター順列** (Baxter permutation) が使えるのではないか」という提案をしました. バクスター順列とは, 1964 年に提唱された離散数学の概念であり, インデックスの規則に対してある性質をみたすような順列 (自然数列) のことです. 実は, このバクスター順列と全単射 (1 対 1) の関係にあるデータ構造が数多く存在することが知られており, 中野氏はそこに目をつけました. そこで詳しく調べてみると, モザイクフロアプラン (mosaic floor plan) とよばれる長方形分割に対応していることがわかりました. これは LSI 設計などにも使われているオーソドックスな領域分割で, 実際にバクスター順列からこのフロアプラン (floor plan, 間取り) を構成するアルゴリズムも知られていました.

さらに, サイズ $n-1$ のバクスター順列からサイズ n のバクスター順列を生成することが, ある特定の条件[6]をみたすことで可能であることを示しました. そこで中野–上田氏らのチームは, この

6) 左から右への最大値 (left–to–right maxima) または右から左への最大値 (right–to–left maxima) とよばれる, 順列の要素の大小に関する条件をさします.

状態変移を確率モデルとみなすことを考えました．つまり時刻 n に対して，時刻 $n+1$ におけるバクスター順列を生成するような確率過程を考えようというわけです．離散数学の分野と統計学の分野の融合的研究が始まりました．

ノンパラメトリックベイズ推定における確率モデルの 1 つに **Stick–Breaking Process** (SBP) とよばれるものがあります．これは長さ 1 の棒を $\beta : (1-\beta)$ の比で折ることを (指定された β の分布に従って) 続けるもので，ディリクレ過程になることが知られています．今回の場合はこれを 2 次元に拡張したもので，フロアプランの各長方形の縦横のサイズを (実際は離散の値をとりますが) SBP の理論を用いて正の実数値としてとらえます．この理論を**バクスター順列過程** (BPP : Baxter Permutation Process) とよび，任意の長方形分割に対する新しいノンパラメトリックベイズモデルを実現しました ([15])．理論的な証明もいくつか示されています．

BPP については，すでに実データへの適用例も知られています．例えば中野–上田氏らは，SNS における関係データの推定を行ない，Roy らの手法や IRM に比べて精度が向上していることが実証されています．

また，BPP の理論においては学習を行なうことも想定されています．ここでは，最適解を求めるためにマルコフ連鎖モンテカルロ (MCMC) 法を用いた解析などがあり，機械学習・深層学習の分野との関わりについても，今後注目が高まっていくのではないでしょうか．

◎**講演情報**

本章は 2020 年 12 月 9 日に開催された連続セミナー「データマイニングと知識発見」の回における講演：

- 山西健司氏 (東京大学)「記述長最小原理・変化検知・予兆情報学」

- 上田修功氏 (NTT・理化学研究所)「ノンパラメトリックベイズ法に基づく関係データマイニング」

に基づいてまとめたものです.

◎参考文献

[1] K. Yamanishi, K. Miyaguchi, *Detecting gradual changes from data stream using MDL–change statistics*, IEEE International Conference on Big Data, 156–163, 2016.

[2] K. Yamanishi, S. Fukushima, *Model change detection with the MDL principle*, IEEE Transactions on Information Theory **64** (9), 6115–6126, 2018.

[3] A.N. Kolmogorov, *Three approaches to the quantitative definition of information*, Problems Inform. Transmission **11** (1), 1–7, 1965.

[4] C.S. Wallace, D.M. Boulton, *An information measure for classification*, Computing Journal **11**, 185–194, 1968.

[5] J.J. Rissanen, *Modeling by the shortest data description*, Automatica–J.IFAC **14**, 465–471, 1978.

[6] K. Yamanishi, L. Xu, R. Yuki, S Fukushima, C. Lin, *Change sign detection with differential MDL change statistics and its applications to COVID–*19 *pandemic analysis*, Scientific reports **11** (1), 1–15, 2021.

[7] K. Yamanishi, Y. Maruyama, *Dynamic syslog mining for network failure monitoring*, Proceedings of the eleventh ACM SIGKDD international conference on Knowledge discovery in data mining, 499–508, 2005.

[8] K. Yamanishi, Y. Maruyama, *Dynamic model selection with its applications to novelty detection*, IEEE Transactions on Information Theory **53** (6), 2180–2189, 2007.

[9] S. Hirai, K. Yamanishi, *Detecting changes of clustering structures using normalized maximum likelihood coding*, Proceedings of the 18th ACM SIGKDD international conference on knowledge discovery and data mining, 343–351, 2012.

[10] S. Hirai, K. Yamanishi, *Detecting latent structure uncertainty with structural entropy*, IEEE International Conference on Big Data, 26–35, 2018.

[11] T.S. Ferguson, *A Bayesian analysis of some nonparametric problems*, Annals of Statistics **1**, 209–230, 1973.

[12] D.J. Aldous, *Exchangeability and related topics*, École d'Été de Probabilités de Saint–Flour XIII: Lecture Notes in Mathematics **1117**, 1–198, 1985.

[13] C. Kemp, J. Tenenbaum, T. Griffiths, T. Yamada, N. Ueda, *Learning Systems of Concepts with an Infinite Relational Model*, Proceedings of the 21st AAAI conference, 381–388, 2006.

[14] D.M. Roy, Y. Teh, *The Mondrian Process*, Advances in Neural Information Processing Systems **21**, 1377–1384, 2008.

[15] M. Nakano, A. Kimura, T. Yamada, T. Ueda, *Baxter permutation process*, in Proc. Advances Neural Information Processing Systems, NeurIPS, 2020.

第2章 因果推論と情報量規準

我々の生きる現代社会には，極めて膨大なデータがあふれています．個人情報をはじめ，気象情報などの自然現象に関するデータや，各産業界における購買情報と経済情報など，あらゆるデータが存在していることは容易に実感できるでしょう．例えば経済情報については，我々人間の日々の営みの結果が大きく影響を受けるものですが，逆に公開された経済情報から景気や物価，流行りの変動がもたらされ，結果的に人間の将来の行動に変化を及ぼすことも少なくありません．このように，互いに相関関係をもつ影響を及ぼし合うような関係を**因果関係** (causal relationship) とよびます．

ところが，昨今ではこの因果関係について，誤った情報や解釈が浸透してしまっているケースが多くみられます．因果関係を見極めるためのデータが欠損していたり，論理的なギャップが生じていたりと原因はさまざまです．それに加えて，因果関係を推論するにあたって必要となるデータがそもそも存在しないケースも存在し，適切な予測モデルを採用できなければまったく異なる結果を導き出してしまう危険性もあります．このような問題を避けるためには，数学・統計学をはじめ経済学の観点からも適切な知識を身につけ，正しくデータを読み取り解析する手法を選択できなければなりません．

本章では，この分野で第一線で活躍されている二宮嘉行氏 (統計数理研究所) と伊藤公一朗氏 (アメリカ・シカゴ大学) の研究例を通して，因果推論とそこに用いられる情報量規準に関する近年のアプローチを見ていきたいと思います．

2.1　因果推論とは

因果推論 (causal inference) とは，とくに医学統計や経済統計の分野で重用され，処置や介入の効果 (因果効果) を推定したり予測したりすることをさします．具体的には，医学統計であれば患者への投薬とその効果・経過について，経済統計であれば国家的政策によってもたらされる経済効果や景気変化について推定や予測を行なったりします．近年ではこれらに加えて，機械学習の分野においても重要な手法として注目を浴びています．

しかしながら，一般には因果推論を適切に行なうことは難しい問題とされています．因果推論を行なう際は，複数のグループに対して処置や介入により変数の値の差異を生じさせ，状態変化とその間の関係を考察するわけですが，これらのグループが同じ性質や特徴をもつグループである保証は一般にはなく，このグループ間の違いを判断材料に入れずに推定を行なうと，誤った結果を導き出してしまいます．そこで，グループやデータを分類するために**共変量** (covariate) とよばれるものを用いて差を修正しますが，どのように適切な共変量を選べばよいかという問題もまた非自明であり，因果推論特有のネックとなっています．

具体的な例を挙げてみましょう．ある製品の売り上げを伸ばしたいと考えた企業が，購買を促す (と期待される) グループに割引クーポンを配布し，その売り上げ効果を推定したいという状況を考えます．このとき，クーポンによる購買意欲向上の効果を評価する際に，クーポンを「配布したグループ」と「配布しなかったグループ」の間で購買量の平均をとってしまうと，誤った推論結果を生んでしまいます．なぜかというと，そもそもクーポンは「購買してくれそうなグループ」に対して配るものであり，2つのグループ間には無視できない特徴量の違いがあるからです (購買してくれなさそうなグループにクーポンを配布しても，ほとんど使ってくれないでしょう)．

もちろん，購買してくれそうかどうかの有無に関係なく，まったくランダムに2つのグループを選んでから片方にクーポンを配ったのであれば，十分妥当な因果推定の結果を得られるでしょう．これを**無作為化比較試験** (RCT：Randomized Controlled Trial) とよび，数理統計学における非常に重要な手法として知られていますが，このような推定は経営戦略などの観点からはあまり適しているとはいえません (これについては後述します)．

もう1つ別の例を挙げます．例えばとある感染症が流行しており，メディアなどにおける全国での陽性率はおよそ0.01%であるといわれています．また，この感染症の特徴として，陽性の患者であっても無症状となる場合があり，健康体であると勘違いする例が多いと想定されています．あるクリニックにおいて，この感染症の陽性反応検査を100人に対して行なったところ，10名から陽性反応がみられ，そのうち8名は無症状でした．つまり，このクリニックにおける陽性率は10%となり，メディアによる公表値のおよそ1000倍であるといえます．

ここでクリニックの院長が「検査結果から考えるに，全人口の10%近くは陽性であり，想像を絶するほどの無症状患者がいるだろう」と発言したとします．この推定ははたして正しいといえるでしょうか？ もちろん検査もれなどの影響から，想定値よりもやや高い比率になることは考えられますが，クリニック内部だけでの比率をそのまま全人口に適用することは誤りです．なぜなら，クリニックに「来院したグループ」と「来院しなかったグループ」とは，グループとしての特徴が異なります．とくに「来院したグループ」の多くは，自分が罹患しているのではないかと多少疑いのある人がほとんどですから，当然陽性率は高くなるはずです．このように，グループ間の違いを考慮しない因果推定を行なってしまうことで，国家としての政策転換などにも影響が出てしまい，結果として感染症の収束を遅らせてしまう危険性があります．しかしながら，近年ではこのような間違いがメディア等では散見されるようになり，いま一度因果推論におけるリテラシーを向上していく必要があると思われます．

さてここからは，因果関係をはかるための数理モデルについて少し紹介しましょう．最も代表的なモデルの 1 つに**ルービンの因果／反実仮想モデル** (Rubin's causal model) があります．いま，処置・介入ありとなることを $t=1$ としてその結果を $y^{(1)}$，処置・介入なしとなることを $t=0$ としてその結果を $y^{(0)}$ とおきます．このとき，ある事象における観測値 y は次の式で与えられます．

$$y = ty^{(1)} + (1-t)y^{(0)}$$

つまり $t=1$ のときは $y=y^{(1)}$，$t=0$ のときは $y=y^{(0)}$ となり，かならず $y^{(1)}$ か $y^{(0)}$ のいずれかのみ観測されるということになります．「反実仮想」的という言葉は，このように一方が欠測しているという性質に由来しています．

因果推論において推定したいのは，基本的に差分の期待値

$$\mathbf{E}(y^{(1)} - y^{(0)})$$

で，これを**ルービンの因果効果**，もしくは**平均処置効果** (ATE : Average Treatment Effect) とよびます．RCT でなくても，上記のモデルを用いて処置・介入の有無の差の平均をとることで，因果効果をはかることが可能となっていますが，考えているグループ間

の性質が異なるという情報だけでは正しい推定を行なうことはできず，もう少し追加の情報が必要となります．これが先述の共変量であり，ある意味で「異質度」を与える量となっています．例えば先述の 2 つの事例では，年齢や性別などが共変量として採用されます．ただし，解析すべきデータによっては，年齢や性別は共変量としては適切ではないことがわかっている例もあり，正しい共変量は何かという問題は極めて難しいと考えられています．

機械学習分野などでは，回帰分析を用いる際に問題が高次元かつ複雑であったとしても，**ランダムフォレスト** (random forest) とよばれる手法を用いて直接モデル推定を行なったりします[1)]．ところが，医学統計などのようにデータサイズが限られている分野では，モデルの誤特定・過適合・精度評価の困難性などの問題が発生します．このような回帰モデリングを回避するためのアイデアとして**傾向スコア解析** (propensity score analysis) が導入されており，因果推定に用いられています．これは観測値に傾向スコアとよばれる量の逆数を重みづけることで，欠測している箇所を埋め合わせるテクニックが重要な処理となっています．また，回帰分析のテクニックと傾向スコア解析のテクニックを合わせて「どちらかはモデリングを間違えても大丈夫なように調べよう」という**二重頑健推定** (doubly robust estimation) とよばれる手法も知られており，この分野において興味深い研究テーマを数多く生み出しています．さらに，医学における最大の因果効果 (つまり治療効果) を得るための治療計画を与えようという，いわば「医学分野の強化学習」とも表現できる**動的治療割り付け** (dynamic treatment regime) という技術の開発も近年盛んに進んでいます．

因果推論はここ 20 年ほど流行が続いているトピックで，2020 年

---

1) 機械学習分野ではオーソドックスな手法の 1 つとされています．

度に発行された著名な統計学の論文誌などを見ても，第 1 号では 17 本中 6 本の論文が扱っており，盛んに研究されています．また日本においても，数理系の機械学習を専門とする研究者が多数参入しています．その一方で，日本の数理統計の専門家については，参入人口が世界的に見ても少ない状況であるといえます．

ほかにも「何が何の要因となっているか」を調べる**因果探索** (causal search) の研究があります．数理的には変数間の有向グラフを正しく求めることに帰着され，これが可能となれば推定の議論に正しく進めるわけですが，この分野ではいわば「職人芸」も求められており[2)]，その影響もあってか研究人口が伸び悩んでいるようです．

2.2　情報量規準

因果関係を考察するためのモデルを選んだ際，本当にそのモデルが妥当であるかという自然な疑問が生じます．その妥当性を評価するための規準を与えるのが**情報量規準** (information criterion) です．ここからはその説明と，近年の動向について見ていきましょう．

いま説明する変数と説明される変数があり，その間に非線形な関係が想定されるとき，しばしば用いられる統計モデルとして多項式回帰モデルが挙げられます．これは 2 つの変数の関係を多項式で表現したものですが，何次の多項式を考えるか，そしてその中で係数の大きさをどうするか，が問題となります．後者に対しては，多項式の値と実際のデータの差が小さいものがよいと直感的にわかりますので，実際に差分の 2 乗和が用いられます．これにマイナスをとったものは，誤差が正規分布にしたがうなら**対数尤度**

2）極めて高度な知識とテクニックが要求されますが，幅広い分野で活用できる見込みがあまり高くなく，周辺分野への応用がなかなか見つかっていないという意味でこの用語を用いました．

(log–likelihood) というものに相当します．そして，この対数尤度を最大にする，言い換えると差分の 2 乗和を最小にする係数が**最尤法による推定量** (maximum likelihood estimator) として用いられます．次に，前者の次数を決めることについてですが，対数尤度を大きくする次数を与えることは，実は必ずしも妥当ではありません．もう少し具体的に説明してみます．多項式回帰モデルでは，最大対数尤度は次数に対して単調増大しますし，次数をどんどん増やせばよいのでは，と思うかもしれません．しかし，逆に次数を上げすぎると，すべての観測データに正確にフィットするような複雑な多項式が生成されてしまい，真の関係から大きく逸脱してしまう現象が生じます (少し前に登場していますが，このような現象を**過適合** (overfitting) とよびます)．このため複雑になりすぎない「最適なモデル」を選ぶことが肝要となります (次ページ図 2.1 参照)．

この困難を解決するために考え出された 2 つの概念が，**赤池情報量規準** (AIC：Akaike Information Criterion) と**ベイズ情報量規準** (BIC：Bayesian Information Criterion) で，現代における情報量規準の 2 大巨頭とされています．AIC は，データの真の分布と推定した分布とのある種の距離[3)]をはかるもので，最大対数尤度に 2 倍のパラメータ数がついた式を考えます．この追加された 2 倍のパラメータ数は，モデルが複雑になるにつれてどんどん大きくなるため，AIC が最小になる場合を考えれば適切なモデルがとれたことになります．BIC も同様で，2 倍のパラメータ数がサイズに依存する項に変わったものです．メリットとしては，AIC は min–max レート最適であること，BIC はモデル選択の一致性をもつことなどが挙げられ，状況に応じて使い分けることが重要です．

情報量規準に関しては，AIC, BIC に関する細かい改良や一般化

3) 正確には **KL 情報量** (Kullback–Leibler divergence) とよばれます．

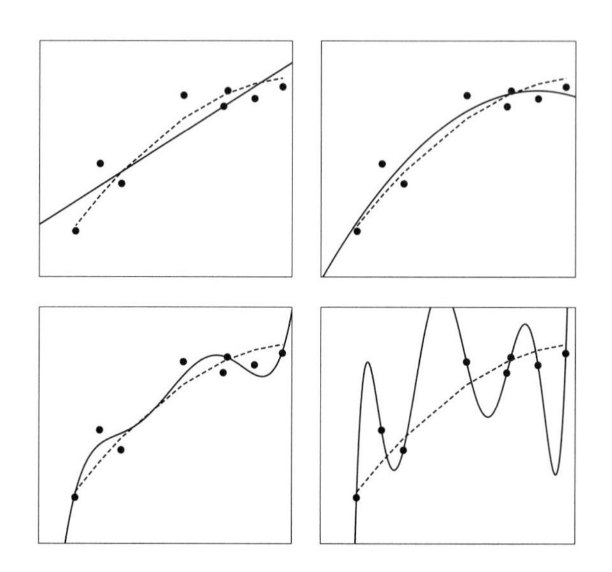

図 2.1　真の 2 次曲線 (破線) に対してデータ (黒点) を発生させ，それに対して多項式をあてはめて推定した曲線 (実線)．1 次曲線 (左上) や 2 次曲線 (右上) が妥当な推定を与えているのに比べ，5 次曲線 (左下) や 7 次曲線 (右下) は過適合していることが観察される．

に関する研究が多くなりつつあるため，この理論はすでに完成されたものではないかという認識も少なくありません．しかし，因果推論や高次元データ解析，特異モデル解析といった，比較的新しい研究分野においては，まだまだ未完成の理論と考えられています．とくに，既存の情報量規準をそのまま適用しても適切な推定結果が得られないという例が数多く知られており，発展途上の領域です．例えば，ゲノムデータや時空間データのような高次元データを解析する場合は，BIC のメリットであったモデル選択の一致性に関して AIC を採用したほうが優れているといった，まったく様相の異なる現象が観測されています．このような現象は他の推定事例においても数多く発見されており，今後の現代統計学におけるまったく新しい情報量規準を開発することが渇望されています.

なお，情報量規準に関する研究では，日本人研究者による貢献がかなり大きいことでも知られています. 日本のいわば「お家芸」として，今後益々発展していくことが期待されています.

2.3　経済学から見た事例

ここまで因果推論と情報量規準に関する基礎知識と数理的側面を見てきました. それでは，他分野 (とはいえ数学と密接に関係している分野) において因果推論の理論はどのようにとらえられているのでしょうか. 経済学的・社会科学的な立場を例にとり，具体的な事例を通して見ていくことにしましょう. なお以降の内容については，伊藤氏による書籍 [1] に基づいていますので，より詳しい話題についてはこちらをご参照ください.

ある事象 A から事象 B が観測された場合，その間の因果関係がどのようになっているかを推定する研究は，経済学の分野においても活発に研究されています. とくにこの分野では大きく 2 つの研究の方向性があります. 1 つは，事象 A から事象 B への因果関係を生み出しうる (数学的には共変量に対応する)「第 3 の因子」を制御すればよいという考え方です. しかし現実問題では，はたして「第 3 の因子」とは何であるかを特定することは困難ですし，そもそもそのようなものが存在するかどうかも不明です. そこで，1980 年代では傾向スコア解析による制御が活発に研究されてきました. 先述の通り，モデルの誤特定・過適合・精度評価の困難性に用いられた統計的手法です.

ところが 1986 年，経済学・社会科学における因果推論において「統計的手法は必ずしも有効ではない」ことを示唆する論文が発表され，学会に衝撃を与えました. 具体的には，ある経済・社会的対象におけるさまざまな統計スコア (因果推定の結果) をたくさん収集し，RCT による結果に近づくかどうかを検証したところ，必ずしもそうではなかったということが示されました．

この結果が発表されたことを機に，経済学の分野においては別のアプローチを考える必要があるのではないかという機運が高まりました．これがもう 1 つの研究の方向性で，例えば傾向スコア解析そのものの改良を試みるという研究が進みました．一方で大きく方針を変えた研究もあり，例えば伊藤氏の研究グループでは，RCT をうまく利用できるよう，データを適切にカットしつつ解析を行なう**デザインベースアプローチ** (design–based approach) などがその例です．これは傾向スコア解析の理論を否定するものではなく，現存する統計的手法も広く用いられているものです．

さて，ここで最初の問題に戻ります．一般に，事象 A から事象 B が観測された場合，どのような因果関係があるのかを特定するのは非常に難しい問題ですが，とくに経済学・社会学においては一層困難になるケースが多くみられます．

一例として，電力供給に関する問題を考えてみましょう．現在，日本では電力供給が切迫した状況にあり，何らかの打開策が求められているとします．このとき，電力料金の値上げを行なった場合，消費者がどのくらいの電気を節電するのかを推定できれば，適切な対応ができそうです．そこで過去のデータ (とくに値上げを行なった日時付近のデータ) を解析し，値上げは果たして効果があるのかを判断するのは自然でしょう．以下は完全に仮想的なデータですが，ある家庭の以下のようなデータが見つかったとします．

表 2.1　2010 年夏と 2012 年夏の電力価格と消費電力

	2010 年夏	2012 年夏	差額
電力価格 (円/kWh)	20	25	+5
消費電力 (kWh/日)	20	15	−5

このケースでは，2010 年夏から 2012 年夏までの 2 年間の間に 1 度，電力価格の値上げが起きています．価格が 5 円値上げされた前後を比較すると，この家庭では消費電力が 25%減少していることがわかります．そこで以下のような推定をします．

- 5 円値上げしたことによって，消費電力が 25%減少している．
- したがって，値上げ政策は有効である．

果たして，この推論は正しいでしょうか．一見すると正しいように見えるかもしれませんが，現実問題としてはこれはまったく不十分です．このような推論は**ビフォア・アフター分析** (before–after analysis) ともよばれ，因果関係の推定においては脆弱です．しかしながら，このような安易な分析が現代においては散見されており，場合によっては国の政策決定においてもみられるなど，危機的状況であるといえます．

上記の推論が危うい理由をもう少し詳しく解説します．いま，事象 A から事象 B が (相関関係として) 観察されたとき，多くの場合我々は「A が B を引き起こした」と安易に因果関係を観察しがちです．例えば先の例では A が電力価格の値上げ，B が消費電力の減少にあたります．しかし慎重に考えてみると，因果関係は他にも考慮すべきポイントがあります．

1 つは「B が A を引き起こした」という逆の因果関係です．例えば商品の価格が上がると購入数が減ったという相関があったとして，確かに「値上げが原因で買い控えが起きた」と考えるのは自然です．しかし逆に「需要が減ったことにより大量生産できず，やむなく値上げとなった」という因果関係も十分考えられます．

もう 1 つは「事象 C が A と B の両方に影響を与えただけで，A と B に直接の関係性はない」という，第 3 の要因による因果関係です．例えば A, B, C の 3 人のクラスメイトがいて，A さんと B さんは仲良しだったのですが，C さんが 2 人にそれぞれの悪口を言い，その後 A さんが B さんに直接悪口を言ったことをきっかけに B さんが A さんを嫌いになった，という状況を考えます．このとき A さんと B さんだけに注目すれば「A さんが B さんを嫌いになり悪口を言ったので，B さんも A さんを嫌いになった」と見えます．しかし実際の因果関係は C さんが引き起こしたものですから，真実とは異なる推定をしてしまうことになっています．

以上のことから，正しく因果関係を特定するためには「B から A への因果関係」「C から A, B への因果関係」がないことを (しらみつぶしに) 示す作業が必要です．

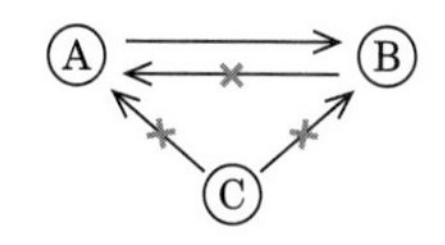

図 2.2　A から B への相関関係 (出典：[1]).
3 つの矢印 (可能性) を排除する必要がある．

ふたたび電力値上げの例に戻りましょう．このケースにおける「B から A への因果関係」は「消費電力が減少したから電力が値上げされた」ということになりますが，これについてはやや考えにくい気がします．すると残るは「C から A, B への因果関係」ですが，この場合の C としては何が適切でしょうか．もしくは，どのように考えれば C の影響を排除できるでしょうか．

ここで大事なポイントを提示すると，先ほどの表にある 2010 年と 2012 年との間には大きな出来事が起きています．それは 2011 年に発生した東日本大震災です．災害発生後しばらくは，都市圏を中心とした計画停電なども行なわれました．この自然災害によって，日本人全体の電力消費に関する考え方が大きく変わったのではないか，という可能性が考えられます．つまり，事象 C としてこの要素があてはまるかもしれません．

しかしながら，この「日本人全体の考え方」というものを明示的にデータ化することは不可能です．経済学・社会学においては，このようにデータ化できないものが人々の購買活動や行動などに影響を与えているのではないかと考えられるため，数理統計的手法においては共変量としてデータを取得できないという問題が発生します．もしくはより強く，**観測不可能** (unobservable) なデータが介している限り，正しい因果推論は極めて難しいように見えます．

この問題をどう解決するのか，これまでにいくつかのアイデアが提唱されてきました．例えばビッグデータのような膨大なデータさえ用意できれば何とか解けるのではないか，もしくは数理統計学におけるより高度なモデルを開発し，解析すれば近づけるのではないかなど，妥当と思われる案が提唱されてきました．しかし残念ながら，これらについても解決には至らないということがわかっており，とくに高度なモデルを使っても不可能なことは 1980 年代の経済学の分野においてはっきりと示されています．

以上のような問題点もあり，現実としては多くの政策分析がビフォア・アフター分析によって (誤った手法で) 行なわれている状況です．

2.4　問題解決に向けて

それでは，先述のような困難を乗り越えるために，経済学においてはどのような実証研究があるのでしょうか．いくつかの研究の潮流を紹介したいと思います．

まず最もオーソドックスなものとしては**フィールド実験** (field experiment) があります．これはその名の通り，RCT を社会において実際にやってしまおうという手法です．経営的な戦略の面からは難しいとされていますが，欧米の大企業などでは巨大な予算を組み，オンラインショップの購買記録などを用いた実験がすでに行なわれています．

例としてここでは，伊藤氏らによって行なわれたフィールド実験による因果推定の研究例を紹介します ([2])．大震災後，原子力発電所の稼働停止などの状況もあり，日本は慢性的に電力不足に陥っています．この問題を単純に解決するならば，強制的に企業や世帯の電力を停止する (計画停電を行なう) という案が考えられますが，これは経済学的にはナンセンスな手法とされています．そこで考えうる政策としては

(a) 価格インセンティブを明確に与えること

(b) 良心に訴えて，自発的な省エネをお願いすること

の 2 つが挙げられるでしょう．このどちらがより効果的な消費電力抑制につながるか，フィールド実験によって確かめようというのがこの研究です．

伊藤氏らはこのため，経済産業省と協力し，日本の 4 つの地域で大規模なフィールド実験を行ないました．例えば関西・京阪奈地域における実験では，およそ 700 世帯にスマートメーターを導入し，各世帯 30 分ごとの電力消費データを入手して解析を試みました．まず，一般世帯を次の 3 グループに分類します．

(A) 節電要請に加え，特定の時間帯に 2〜5 倍の価格増加を行なう

(B) 節電要請だけを行なう

(C) 何も要請を行なわない

このとき重要なのは，3 グループに分類するとき「**必ず無作為に行なう**」という点です．ここに何らかのバイアス (年齢や性別等) が入れば，RCT とはいえません．逆に言えば，グループ間にバイアスが発生していないことから，調査対象とは別の事象からの因果関係が発生していないことが保証されるため，正確な分析につながり

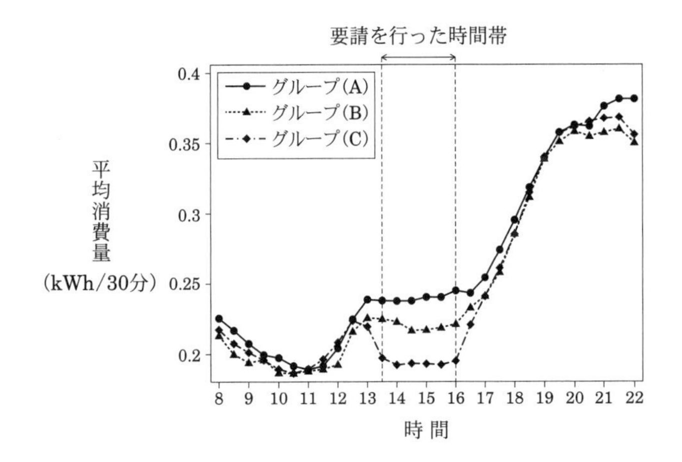

図 **2.3** 価格インセンティブと節電行動 (出典：[1])

ます．

以上の設定で実験を行なったところ，価格上昇が発生していない時間帯は (A)～(C) のどのグループも消費電力の差はみられませんでしたが，価格上昇が発生した特定の時間帯においては (A) のグループが最も消費電力が小さく，(C) のグループが最も消費電力が大きいという結果になりました ((B) のグループはちょうどその中間)．これにより，数学的に「価格インセンティブが節電行動に影響を及ぼしている」ことが正しく示されたことになるのです．

さて，以上のような試みはフィールド実験の成功例となっていますが，人件費やスマートメーター導入のコストなどを考慮すると，いつも実行可能であるとはいえません．ほかにも倫理的な問題や，経営戦略におけるマイナスの面 (損をするグループに属した顧客からの反発など) も残ります．

このように，実際の実験が困難な状況において，あたかも実験が行なわれた状況を作り出して因果関係を推定する方法の 1 つに **RD デザイン** (Regression Discontinuity design) があります．

ここでは南カリフォルニアにおける電力消費量の分析事例を紹介しましょう ([3]). 南カリフォルニアの 6 都市では，電力会社の境界線が存在しており，ここ 10 年にわたって電力料金の推移が大きく異なってきたという背景があります．例えばオレンジ郡 (Orange County) とよばれる地域においては，北と南で異なる電力会社が経営をしています．

この境界線付近に注目し，世帯レベルでの電力消費量のデータを調べたところ，電力料金の推移が同じ程度であった期間では差がみられませんでしたが，料金が北と南で大きくずれた期間では，料金

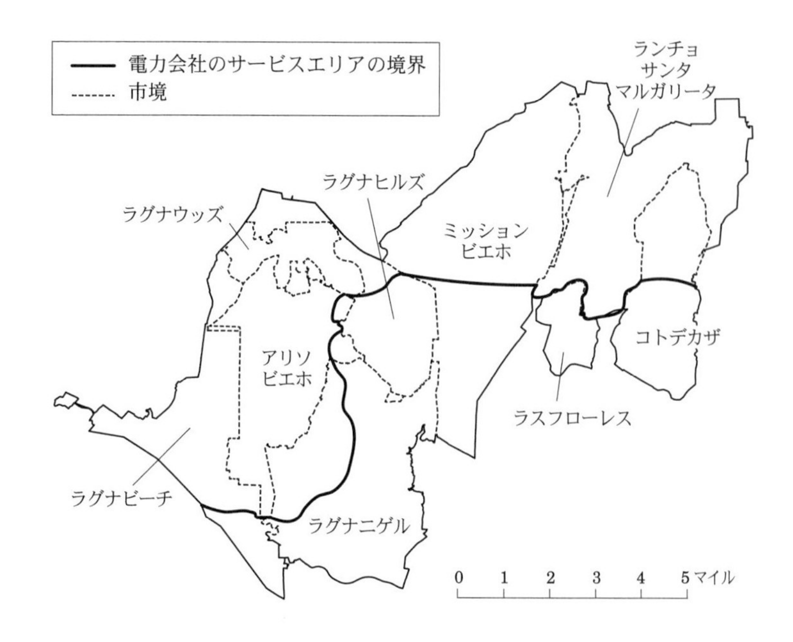

図 **2.4**　オレンジ郡における電力会社の境界 (出典：[1]).
地図の北側に電力を供給するのは南カリフォルニアエジソン社，南側に電力を供給するのはサン・ディエゴ・ガス電力会社と，それぞれ領域が分かれている．

の高い地域の方が消費量が大きく下がっていることが観察されました.

この調査が先述のフィールド実験と大きく異なるのは，過去のデータを調査しているだけであって**「実際に電力料金を上げて調査をしたわけではない」**という点です．境界線付近のデータに着目することによって，あたかもフィールド実験を行なったときと同様の分析ができるというところがポイントです．もちろんですが，調査にかかるコストも大きく削減することが可能です.

もう1つの大きなポイントは，この結果から「電力料金の変化が電力消費量の変化を引き起こした」という因果関係を正しく導けるという点です．通常，このようなデータだけでは他の因果も考えうるわけで，天気の変化や経済状況の変化なども影響しているのではないかと想像できます．しかし，このデータが「電力会社の管轄境界線を境にくっきりと大きく変化している」ことから，突然の天気の変化や経済状況の変化がぴったりこの境界線で起こるとは到底考

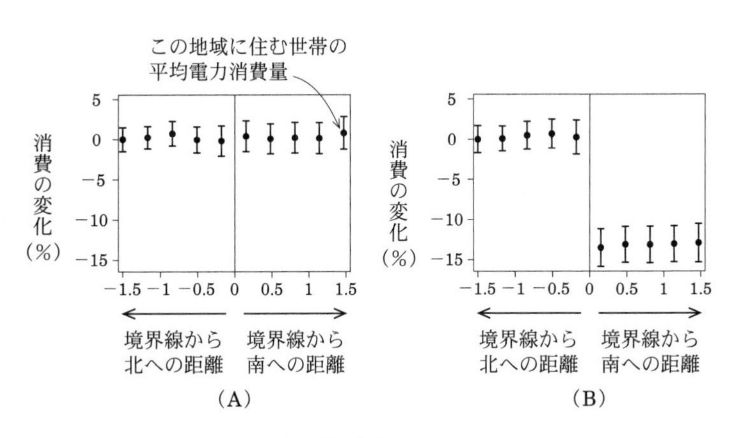

図 2.5　電力価格の推移と消費電力.
(A) は 1999 年 7 月から 2000 年 7 月，(B) は 1999 年 8 月から 2000 年 8 月のもの (出典：[1]).

えられません．従ってこのような可能性は棄却することができる，というのがこの手法の大きな強みとなっています．

このような「形状に着目する」モデルベースの解析手法はほかにもたくさんありますが，もう一例として **bunching analysis**[4] を紹介しましょう．調査対象としてここでは「自動車の燃費規制が，自動車会社の行動にどう影響したか」ということを考えます ([4])．

多くの国では，燃費規制で定めている大きな方針として「大きな車ほど規制は緩くてよい」という考えに基づきます．日本においてはすでに 30 年以上この方針がとられており，さらに燃費規制値と自動車の重量との相関は階段状のグラフで示されています．つまり 1000 kg から 1250 kg の車は一律で (同じ値の) 燃費基準をみたすこと，というルールになっているわけです．国の政策としての意図はもちろん，各自動車会社に努力してもらい，同じ重量で高い燃費規制値をクリアできるような，燃費のよい車を開発してほしいということです．しかしよく考えてみると，この基準に従えば「車の重量を重くすることで燃費規制値をクリアできる」というインセンティブを自動車会社に与えてしまう可能性があります．

では，実際に自動車会社はどちらの行動をとると予測できるでしょうか．一般的にはこのような推論は難しい問題ですが，伊藤氏らは燃費規制値が階段状のグラフであることに着目し，実際に市場に売り出されている自動車の台数をヒストグラム化し，規制値のグラフに重ねることを試みました．すると，規制値が緩和される境界にあたる重量 (先の例では 1250 kg) の自動車が突出して流通していることが観察されました．この結果から，各自動車会社は (燃費向上に向けた努力も多く取り組んでいると推察されますが) 実際問題として重量を上げて規制値をクリアするインセンティブを選択し

4) bunching とは「散らばってはいるが，ある程度集積している」という意味をもつ英単語です．

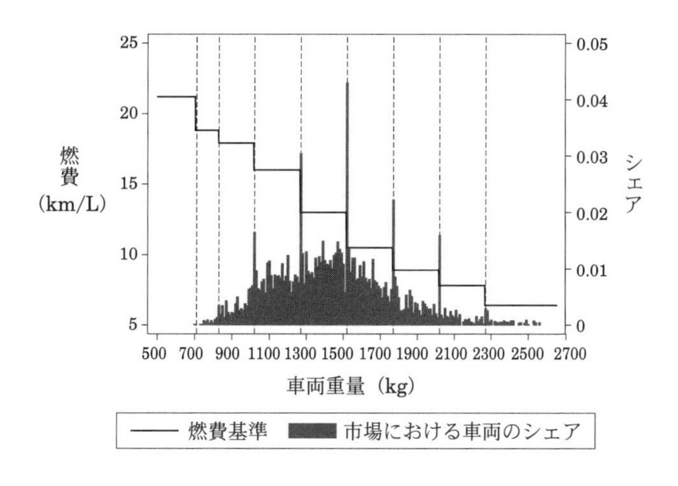

図 2.6 燃費規制と自動車の生産分布 (出典：[1])

たと結論づけられます.

ほかにも，事象変化のタイミングの差を利用して事象間の因果推定を行なう **staggered event study analysis** など，モデルベースの手法は数多く提案されており，例えば中国におけるエネルギー価格政策の改革に伴う資源消費と大気汚染との関連性などについて研究がなされています ([5]). これらのアプローチは，生物が起因となる事象の因果関係など，実験が容易ではない対象にも適用が可能であるため，非常に幅広い応用が考えられます. このように，データをデザインするアプローチと，統計的なアプローチを組み合わせることで，さまざまな因果関係を導くことが可能になると期待されています.

◎講演情報

本章は 2020 年 12 月 16 日に開催された連続セミナー「データドリブン数理モデル構築 (因果推論，情報量規準)」の回における講演：

- 二宮嘉行氏 (統計数理研究所)「因果推論のための情報量規準」

- 伊藤公一朗氏 (シカゴ大学)「経済学における因果推論——データ分析を駆使して読み解く，人や企業の行動原理」

に基づいてまとめたものです．

◎参考文献

[1] 伊藤公一朗,『データ分析の力 因果関係に迫る思考法』, 光文社新書, 2017.

[2] K. Ito, T. Ida, M. Tanaka, *Moral Suasion and Economic Incentives: Field Experimental Evidence from Energy Demand*, American Economic Journal: Economic Policy **10** (1), 240–267, 2018.

[3] K. Ito, *Do Consumers Respond to Marginal or Average Price? Evidence from Nonlinear Electricity Pricing*, American Economic Review **104** (2), 537–563, 2014.

[4] K. Ito, J. Sallee, *The Economics of Attribute–Based Regulation: Theory and Evidence from Fuel–Economy Standards*, Review of Economics and Statistics **100** (2), 319-336, 2018.

[5] K. Ito, S. Zhang, *Reforming Inefficient Energy Pricing: Evidence from China*, NBER Working Paper **26853**, 33pp, 2018.

第3章 機械学習と数理モデル

昨今，**機械学習** (machine learning) や**深層学習** (deep learning) という言葉をよく耳にするようになりました．この分野は数学のみならず，物理学や工学，情報学などの幅広い分野に浸透しており，研究人口も爆発的に増加しています．また，いわゆる AI (人工知能) 研究などとも密接に関連しており，さまざまな応用も発見されていることから，その重要性はますます高まっています．

本章では，このような機械学習や数理モデルの学習を用いて，どのような問題が解決可能となるのか，河原吉伸氏 (九州大学) および渡辺澄夫氏 (東京工業大学) の研究事例を通して，その一端を覗いてみたいと思います．

3.1 複雑力学系と機械学習

近年では計算機技術の目覚ましい進展に伴い，データ取得のためのインフラが急速に整備されてきました．これにより，AI を用いた技術開発や研究も広がりをみせています．ここでは AI 技術を支える (機械学習における) 研究課題として，**複雑力学系** (complex dynamics) の分野における機械学習の適用事例について紹介していきます．以下では簡単のため，力学系の英訳である**ダイナミクス**という用語を用います．

ダイナミクスとは，実世界におけるさまざまな動的現象や機構について研究する分野です．このような対象を理解するためには，いくつかのアプローチが存在します．例えば数理モデルを用いたアプローチでは，動的現象や機構を適切に抽象化 (または近似) することで，ダイナミクスにおける数理モデルを構築します．例えば微分方程式

$$\frac{d\boldsymbol{x}(t)}{dt} = f(\boldsymbol{x}(t))$$

のように定式化を行ない，この数理モデルをもとにして解析や予測を試みることで現象を理解するというものです．これまでに数多くの数理モデルが提案され，それぞれ改良や発展が進んできました．

これに対して，まったく別のアプローチとしてデータ駆動による手法も存在します．これは，動的現象や機構をまず計測・観測してデータを取得することから始めます．その後，得られたデータから何らかの方法で逆問題を解くことにより，データの背後に潜む本質的な情報 (データが生成される機構) を理解しようという戦略です．この逆問題を解く際に，さまざまなノウハウや既存の結果をヒントとするわけですが，ここに機械学習を援用しようというのが主なアイデアとなっています (図 3.1).

データ駆動による支配方程式や物理法則の発見は，これまで多くの科学分野で注目を集めてきました．例をいくつか挙げると，スパース推定による常微分方程式・偏微分方程式の発見 (Brunton ら [1]), ニューラルネットワークを用いた量子多体問題 (Carleo–Troyer [2]), ニューラルネットワークによる相転移メカニズム (van Nieuwenburg ら [3]) などが知られています．ほかにも数学的にも非常に重要な**不変量** (invariant) を推定するニューラルネットワークの研究も進んでおり，代表的なもの (トップカンファレンスに採択された論文) としてはハミルトニアン・ニューラ

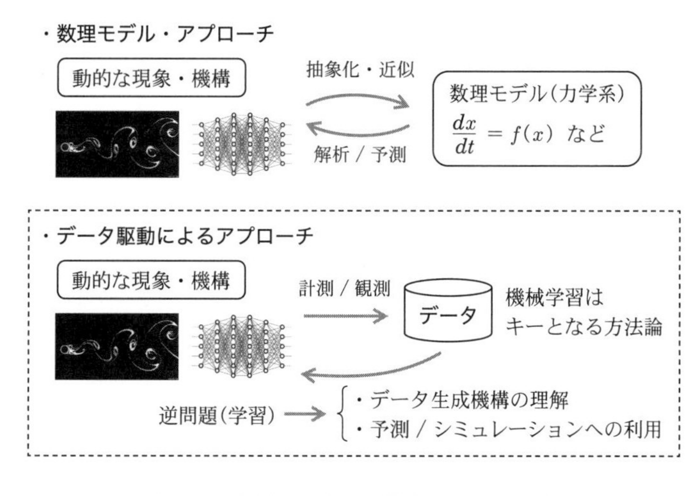

図 **3.1**　ダイナミクスの理解へのアプローチ

ルネットワーク (Greydanus ら [4]), ラグランジアン・ニューラルネットワーク (Lutter ら [5]), ハミルトニアン生成ネットワーク (Toth ら [6]) など，数多く提案されています．

また近年では，逆にダイナミクスの理論や手法をニューラルネットワークなどの学習・予測に応用する研究も進んでいます．例えば常微分方程式系に関するニューラルネットワークとしては ニューラル ODEs1) (NODEs, Chen ら [7]), 拡張 NODEs (Dupont ら [8]), データ制御 ODEs (Massaroli ら) などが提案されています．また，ニューラルネットワークの逆熱拡散としての理解についての研究 (Sonoda–Murata [10]) も知られており，近年このような研究は機械学習の分野においても注目を集めています．

河原氏も，この分野における研究事例がいくつかあります．例と

1)　常微分方程式の英訳 Ordinary Differential Equations を略したものです．なお偏微分方程式は Partial Differential Equations なので PDEs と略します．

して，分子運動などの拡散過程を考えます．これはダイナミクスの分野における研究対象ですが，このアイデアを用いて，河原氏の研究チームは化合物の活性・不活性を予測する研究を行ないました．この応用として，膨大な種類の薬品 (化合物) の中から，現実の細胞に対して効果的に機能する薬品を特定するための優れた手法を提案することに成功しました ([11]).

このような研究をより推進するべく，河原氏らのチームは 2019 年度より JST CREST 領域「数学・数理科学と情報科学の連携・融合による情報活用基盤の創出と社会課題解決に向けた展開」において，研究課題「作用素論的データ解析に基づく複雑ダイナミクス計算基盤の創出」と題し，理化学研究所をはじめとする数多くの研究機関と共同でプロジェクトを発足させました．河原氏のアプローチは，推測・予測をベースとした統計的手法に基づくものですが，別の連携チームは純粋数学的な保証を行なったり，縮約理論・有用性実証などの観点から物理的・生物学的な解釈を与えたりと，多角的なアプローチによって問題を効率的に解決していくという戦略がとられています．

3.2　クープマン作用素

この CREST プロジェクトにおいて核となるアイデアを簡潔に紹介しておきましょう．

一般に考察の対象となるダイナミクスは非線形なふるまいをみせます．

$$\frac{d\boldsymbol{x}(t)}{dt} = f(\boldsymbol{x}(t))$$

前節の式を再掲しますが，ここでは時間 t の遷移に対して関数 f がダイナミクスの変化を決めます．これによって，微小時間 Δt 経過後の状態空間 $\mathcal{S}$ の遷移

$$\varphi_{\Delta t}: \mathcal{S} \to \mathcal{S}$$

が得られます．これを**フロー** (flow) とよびます．

f が線形であれば，行列計算に帰着できることから，現象を理解したり予測したりすることはさほど難しくなさそうです．ところが非線形になると，行列による解釈ができなくなり，また状態遷移のバリエーションも無数に存在するため，予測は極めて困難となります．とくに，データ駆動型による現象変化の予測はほぼ不可能となります．

そこで河原氏らの研究チームは，このような「有限次元であるが非線形」にふるまう対象を直接考察するのではなく,「無限次元だが線形」な空間に置き換えて考察するというアイデアを導入しました．正確には，空間として我々が暮らしている「有限次元の状態空間」の代わりに「無限次元の関数空間」を考えます．つまりこの空間における対象は，個体そのものではなく関数に置き換わります．いま関数空間を $\mathcal{G}$ とおき，関数 $g \in \mathcal{G}$ に対して

$$\mathcal{K}: \mathcal{G} \to \mathcal{G}, \quad \mathcal{K}g = g \circ \varphi_{\Delta t}$$

という作用素を考えます．ここで g は $\mathcal{S}$ から複素数体 $\mathbb{C}$ への関数であるとしておきましょう (g の定めかたについてはやや自由度があります)．これにより，作用素 $\mathcal{K}$ は $g(\cdot)$ を $g(\varphi_{\Delta t}(\cdot))$ に対応させることがわかります．この作用は線形であることが証明できるため，非線形な状態遷移であっても線形にとらえることが可能となっています．この作用素 $\mathcal{K}$ のことを**クープマン作用素** (Koopman operator) とよびます (次ページ図 3.2 参照)．

以上をふまえて，データ駆動型によるメカニズムの理解は次のように行ないます．まず，対象となる現象・機構を観測してデータを蓄積します．次にこのデータから直接数理モデルを再現することをせず，いったんクープマン作用素を用いた作用素表現を得ることを

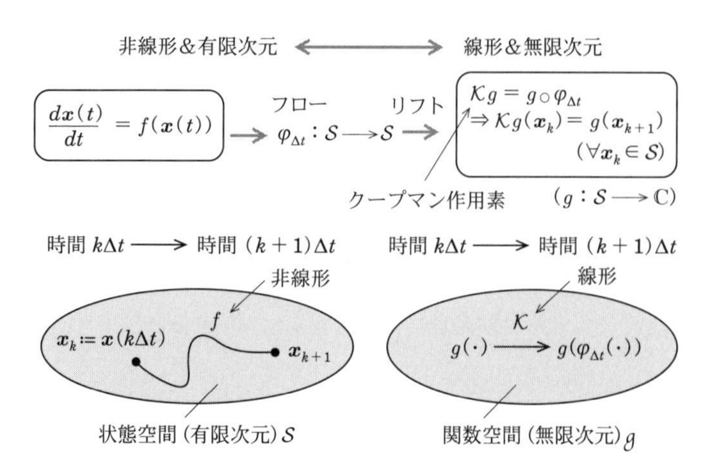

図 3.2　クープマン作用素.
非線形力学系に対応する観測量に関する (線形) 力学系を与える.

試みます. この部分を線形に扱えるため, 解析が容易であるという点がポイントです. その後, 位相的理解や安定性の評価などを行なうことで, 最終的に数理モデルの予測・ダイナミクスの理解へとつなげていきます. 無限次元になってしまうデメリットを受けてでも, 線形空間において解析できるというメリットを活用するのが, この研究の核となっています.

以上のような基盤を構築することにより, 広範な動的現象・機構の動力学的特性の抽出や解析を行なうことが可能となります. また, 複雑現象の予測やシミュレーション, ニューラルネットワークなどの学習機構の解析などへの応用も期待されます (図 3.3 参照).

クープマン作用素そのものは 1931 年にクープマン (B.O. Koopman) によって提案された作用素ですが, このようにダイナミクスの分野への応用が活発に行なわれ始めたのは 21 世紀になってからのことです. とくに線形に処理できることから, 固有値問題

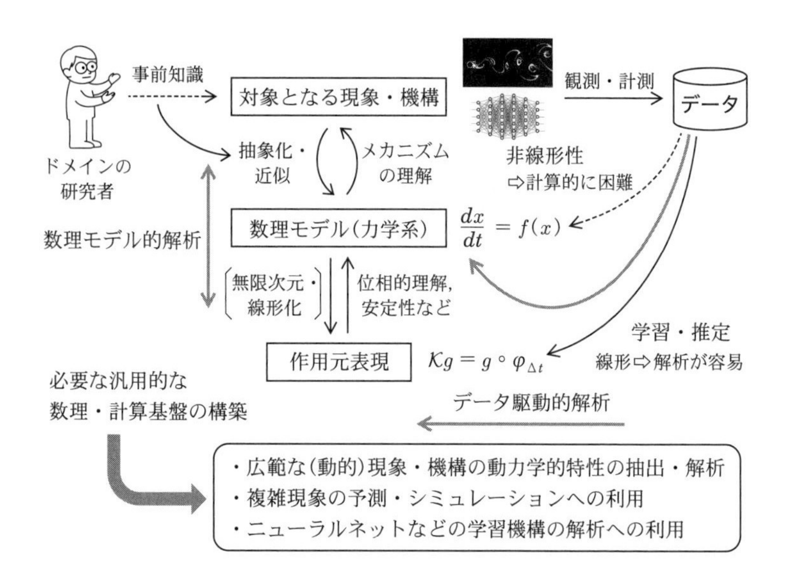

図 **3.3** 順・逆方向によるアプローチ

に帰着すればいろいろな応用ができるのではないかというアイデアもたくさん提案されました．代表的なものとしては，クープマン作用素が固有値分解可能である場合に，異なる時間スケールをもつダイナミクスへ分解できるという考察があります (Mezić [12]).

クープマン作用素を用いたダイナミクスの推定の手法としては，**動的モード分解** (DMD：Dynamic Mode Decomposition) が挙げられます．これは，クープマン作用素のスペクトル分解を行なうもので，固有値と固有関数のペアへと分解してその和をとるという方法です．計算機においては，無限次元の情報を過不足なく抽出するのは物理的に不可能ですから，有限のデータから有限個の固有値・固有関数を求め，そこからダイナミクスを推定します．動的モード分解とは，このように有限個の情報から適切にダイナミクスを近似するための代表的な手法となっており，とくに行列分解アルゴリズムのみを用いるため，実装も容易であることがメリットとなっています．また詳細は割愛しますが，動的モード分解の提案以後，数多くの改良や一般化も発表されています．

このようなダイナミクス推定のアプローチは，これまでにシリンダー周りの流体ダイナミクスの長時間推定や，発電システム，脳計測データにおけるコヒーレンス解析，画像処理，感染症伝搬解析など，非常に幅広い分野に応用されています．

3.3　データの「類似度」

時系列データから背後にある本質的な特徴を抽出・分類するにあたって，どのようにしてデータ内にひそむ「類似度」を定めるかという問題があります．より正確には「時系列の特徴をとらえる空間に正しく埋め込む」というタスクであり，数学的にはデータの違いを適切な「距離」で測り，空間構造 (内積) のカーネルを正しく決定することといえます．これを適切に行なうことにより，ニューラルネットワークやサポートベクターマシンといった既存の分類手法を適用することが可能となります．

例えば 2 つのデータの空間的な同調性を比較するカーネルは，動的モード分解が定める固有空間における部分空間のなす角度を用いて定義できることが知られています．これは**グラスマン核** (Grassmann kernel) とよばれるもので，ECoG[2] 信号によるブレイン・コンピュータ・インターフェースへの応用例が知られています ([13])．とくにこの手法により，三角関数を空間基底に用いた高速フーリエ変換では抽出できなかった信号を正確に判別することに成功しています．

一方で，非線形ダイナミクスにおける予測においては，解のふる

2)　皮質脳波のことで，electrocorticogram を略称したものです．

まいだけではなく「解の族」の位相的性質も反映させることが，長期予測の観点からは重要とされています．これは保存量をもつ系の時間変化において，保存量を保つような推定をしなければ，系が本来有する振る舞いをうまく反映できないという現象にも類似しています．そこで河原氏らのチームは，ある仮定のもとで構造を記述するような関数を局所的に構成し，振動子などの位相的安定性を保証するような予測モデルを提唱しました ([14])．これにより，渦度を伴うような流体ダイナミクスなどの長時間予測も可能としています．

このように，データ駆動的解析におけるさまざまな手法の登場により，今後も航空力学やプラズマ流のダイナミクス，または医療分野への適用など，今後ますますの進展が期待できるようになっています．機械学習の重要性は，これからも非常に高まっていくことでしょう．

3.4　数理モデルと代数幾何学

ここまでは河原氏の研究事例を通して，データから構造を知るための統計的手法の一例をみてきました．実はこのほかにも，代数的手法 (と統計的手法を組み合わせたもの) を用いた研究も存在します．この例として，渡辺氏の研究事例 [15] を参考にしながら解説していきたいと思います．

まず「データから構造を知る」という営みについて再考してみましょう．未知の現象を観測して得られるデータから，その構造を抽出するための操作を**モデリング** (modelling) とよび，とくに数学的概念に基づいたモデリングを**数理モデリング** (mathematical modelling) とよびます．また，数理モデリングにおいて，未知の現象を表現するための候補となるものを**数理モデル** (mathematical model) とよびます．数理モデルには確率モデル，統計モデル，機械学習によるモデルなどさまざまなものがありますが，ここではそれらが確率分布によって表現されるものとします．

数理モデリングが適切なものであるかどうかは，モデルに基づいて推定された結果と未知の現象とを比較して，その差分が小さいほど「よいモデリングである」と評価されるべきです．しかし，未知のものはわからないものなので，そのようなものとの誤差を計算することは理論上不可能です．このために，統計学や機械学習の分野においては，数理モデルをどのくらい信頼してよいものか，もしくは適切な推定が得られたかどうかをどのように判断すればよいのか，という問題を解決することはできませんでした．また，候補となるモデルは人間によって作られたものですから，作られたモデルによって推定される結果もまちまちになってしまいます．つまり，候補として作られたモデルの適切さを「客観的に」評価することが肝要であり，1970 年頃までは解決策がみつかっていませんでした．

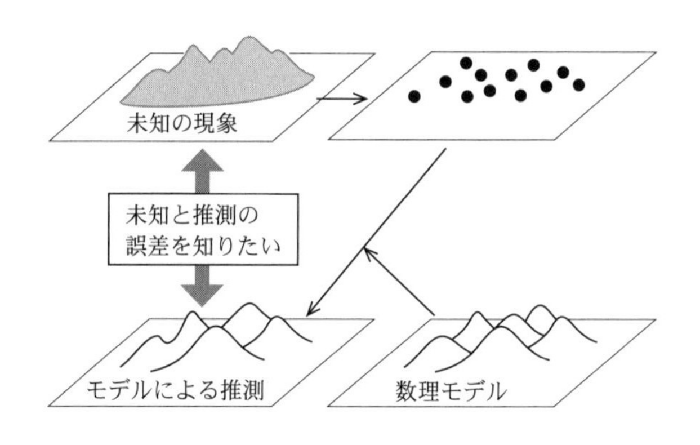

図 **3.4**　数理モデルの援用

このような原理的困難さに対し，数学的な手法を用いて解決できるという考え方を世界で初めて提案し，実現したものが**赤池情報量規準** (AIC) です．前章でも紹介しましたが，これは確率モデルがパラメータで表されているとき，未知の現象と推定された結果との誤差として定義される汎化誤差の平均値が，学習誤差とパラメータの次元との和の平均値に等しいという性質を数学的に示したもので，極めて広範な数理モデリングに対して適切さを評価するための優れた指標となっています．現在においても世界的に広く用いられている手法であり，統計学の考え方に大きな変革をもたらしました．

さて，AIC では未知の現象に対するモデルの最適なパラメータが 1 つであるという前提があります．しかし，現代の数理モデルでは最適なパラメータが 1 つだけとは限りません．階層構造や隠れた変数をもつようなモデルなども含めて，現代の数理モデルは複雑かつ多様なものとなっており，より一般のモデルでも利用可能となるような AIC の拡張・一般化が求められていました．

そこで渡辺氏は，最適なパラメータが 1 つとは限らない状況においても，汎化誤差を求めるための数学的手法を見出す研究を，長年にわたって行なってきました．渡辺氏は，現代の数理モデルの最適なパラメータたちのなす集合が**代数的集合** (algebraic set) をなしていることに着目しました．より正確には，パラメータたちによって生成される多変数多項式によって定まる連立方程式の解集合 (すなわち零点集合) のことであり，**代数多様体** (algebraic variety)

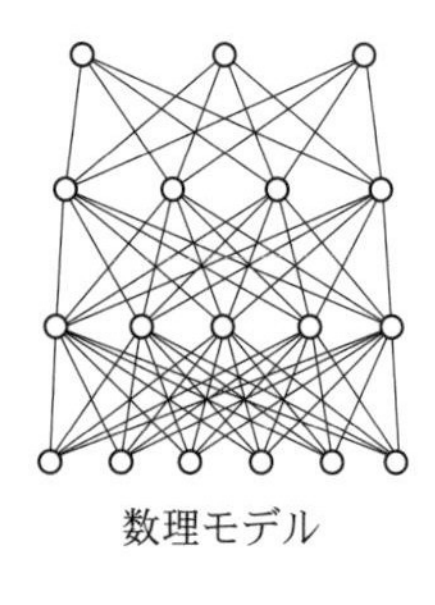

図 3.5 機械学習モデルとパラメータ集合

とよばれるものです．統計学や機械学習で現れる代数的集合は極めて複雑であり，単純に場当たり的な解析では到底理解することはできません．そこで代数多様体論，より広範には代数幾何学における一般論を駆使することで，このような集合を数学的に正しく理解することを考えました．

このような代数的解析において重要な道具となったのが**特異点解消定理** (desingularization theorem) です．この定理は 1964 年に広中平祐氏によって証明されたもので，標数 0 の体上で定義された任意の代数多様体に対して，自己交叉などの特異点が含まれていても，有限回の**ブローアップ** (blow–up) とよばれる操作を施せば特異点をすべて除去できるという大定理です[3]．広中氏はこの成果により，数学界における最高の栄誉とされるフィールズ賞を受賞しました．この定理を援用することで，数理モデルが複雑な特異点を含

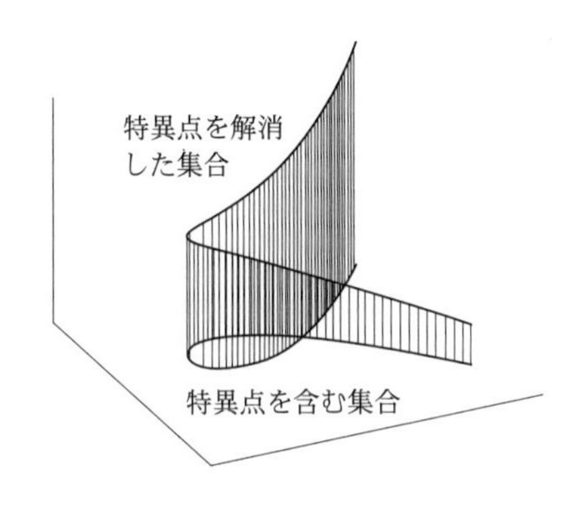

図 3.6　特異点解消

3）代数的集合をより高次元の**アファイン空間** (affine space) や**射影空間** (projective space) に埋め込み，特異点を「ほどく」操作のことをさします．例えば遊園地のジェットコースターに真上から太陽光がさしている場面を考えると，レールの陰は交叉することがありますが，レール本体は決して交叉していません．この操作はいわば「影からレールを復元する」ようなものと考えることができるでしょう．

む場合においても，解析しやすい代数的対象に変形することが可能となりました．

またこの特異点解消定理を基盤として，代数解析学，超関数論，中心極限定理など多くの分野にまたがる数学的概念を結びつけ，結果として「数理モデルのゼータ関数」を調べることができ，これが問題解決の鍵となることが解明されました．これはゲルファント (I.M. Gel'fand) のゼータ関数を応用したものであり

$$\zeta(z) = \int K(q||p_w)^z dw$$

という形で定義されるものです．ここで $K(q||p_w)$ は，未知の確率分布 q とパラメータ w を持つ数理モデル p_w の情報理論的な距離を表しており，z は 1 変数の複素数です．渡辺氏はこのゼータ関数に対して，最大極が数理モデルの推測精度を定めていることを示しました．この結果から，最適パラメータの集合が代数的集合をなすような現代の数理モデルに対しても，汎化誤差の平均が学習誤差と「汎関数揺らぎ」との和の平均に等しくなることが証明され，この事実から新しい情報量規準の提唱につながりました．これは**広く使える情報量規準** (WAIC : Widely Applicable Information Criterion) と呼称されています．とくに最適パラメータが 1 つの場合は WAIC は AIC と一致するため，WAIC は AIC の一般化といえます．なお，数理モデルへの応用を扱う実際の場面においては，代数幾何学の知識は直接的には不要であり，あくまでも理論的保証のために用いられています．この意味では，WAIC はとても幅広いユーザに利用可能なものとなっています．

WAIC を中心とする渡辺氏の一連の研究成果は，医学，政治学，環境学，心理学，情報学など，数理モデリングを必要としている数多くの分野において活用されています．このような研究は，統計学の対象に潜む代数的構造に着目するという新しい研究につながりま

した．この分野は現在**代数統計学** (algebraic statistics) とよばれており，さらに計算代数・数式処理の技法を援用した**計算代数統計学** (computational algebraic statistics) という分野も生まれています．ここではグレブナー基底など，計算代数における重要な対象が解析に用いられています．

WAIC のさらなる拡張についても考えられています．今のところ，WAIC にまつわる議論においては「データの独立性」が担保される必要があります．また先述のゼータ関数の定義に用いた $K(q||p_w)$ が w の**解析関数**[4] (analytic function) であることも必要です．この仮定をどの程度緩めることができるかが分かれば，適用できる課題の種類がさらに増えるため，統計分野のみならず広い分野において研究が進んでいます．

数学研究そのものは，もちろん何かの役に立つようにという目的だけではなく，暗闇に隠れていた数学的な構造に光をあてて美しい姿を映し出すことを目指す営みでもあります．今回の事例では，代数幾何学という純粋数学の理論が，統計学への思いがけない影響を与えた好例となっていますが，その一方で「応用ができたのだから数学そのものの研究は不要になったのではないか」という考え方も存在しているようです．しかし事実としてはそうではなく，未来に向けた未知の問題を解決していくためには，むしろ基盤となる数学・基礎理論の重要性はますます増していると考えられます．数学の大切さが広く理解されること，そして広範な数学の分野が今後さらに豊穣なものとなっていくことが，我々の心と暮らしとを豊かなものにしていくのではないかと思います．

4）正の収束半径をもつ，べき級数表示をもつような関数のことです．

◎講演情報

本章は 2021 年 1 月 6 日に開催された連続セミナー「Machine Learning と数理モデル」の回における講演：

- 河原吉伸氏 (九州大学)「複雑ダイナミクスの理解への機械学習からのアプローチ」
- 渡辺澄夫氏 (東京工業大学)「数理モデルと代数幾何学」

に基づいてまとめたものです.

◎参考文献

[1] S.L. Brunton, J.L. Proctor, J.N. Kutz, *Discovering governing equations from data by sparse identification of nonlinear dynamical systems*, Proceedings of the National Academy of Sciences of the United States of America (PNAS) **113** (15), 3932–3937, 2016.

[2] G. Carleo, M. Troyer, *Solving the quantum many-body problem with artificial neural networks*, Science **355** Issue 6325, 602–606, 2017.

[3] E.P.L. van Nieuwenburg, Y. Liu, S.D. Huber, *Learning phase transitions by confusion*, Nature Physics **13**, 435–439, 2017.

[4] S. Greydanus, M. Dzamba, J. Yosinski, *Hamiltonian neural networks*, In Advances in Neural Information Processing Systems **32**, 15379–15389, 2019.

[5] M. Lutter, C. Ritter, J. Peters, *Deep Lagrangian Networks: Using Physics as Model Prior for Deep Learning*, International Conference on Learning Representations (ICLR), 17pp, 2019.

[6] P. Toth, D.J. Rezende, A. Jaegle, S. Racanière, A. Botev, I. Higgins, *Hamiltonian Generative Networks*, International Conference on Learning Representations (ICLR), 19pp, 2020.

[7] R.T.Q. Chen, Y. Rubanova, J. Bettencourt, D. Duvenaud, *Neural Ordinary Differential Equations*, In Advances in Neural Information Processing Systems **31**, 6571–6583, 2018.

[8] E. Dupont, A. Doucet, Y. Teh, *Augmented Neural ODEs.* In Advances in Neural Information Processing Systems **32**, 3140–3150, 2019.

[9] S. Massaroli, M. Poli, J. Park, A. Yamashita, H. Asama, *Dissecting Neural ODEs*, In Advances in Neural Information Processing Systems **33**, 23pp, 2020.

[10] S. Sonoda, N. Murata, *Transport Analysis of Infinitely Deep Neural Network*, Journal of Machine Learning Research **20** (2), 1–52, 2019.

[11] T. Hidaka, K. Imamura, T. Hioki, T. Takagi, Y. Giga, M.H. Giga, Y. Nishimura, Y. Kawahara, S. Hayashi, T. Niki, M. Fushimi, H. Inoue, *Prediction of Compound Bioactivities using Heat Diffusion Equation*, Patterns **1** (9), Article No.100140 (12pp), 2020.

[12] I. Mezić, *Spectral Properties of Dynamical Systems, Model Reduction and Decompositions*, Nonlinear Dynamics **41**, 309–325, 2005.

[13] Y. Shiraishi, Y. Kawahara, O. Yamashita, R. Fukuma, S. Yamamoto, Y. Saitoh, H. Kishima, T. Yanagisawa, *Neural decoding of ECoG signals using dynamic mode decomposition*, Journal of Neural Engineering **17** (3), Article Number 036009 (12pp), 2020.

[14] N. Takeishi, Y. Kawahara, *Learning Dynamics Models with Stable Invariant Sets*, Proceedings of the 35th AAAI Conf. on Artificial Intelligence (AAAI-21), 9782–9790, 2021.

[15] S. Watanabe, *Mathematical theory of Bayesian statistics*, CRC Press, 2018.

第4章 数学と可視化技術

可視化 (visualization) とは，我々人間が直接的に見ることのできない事象を，図やグラフといった「見える」事象に変換して表現する手法です．とくに近年の可視化技術においては，**コンピュータグラフィックス** (CG : Computer Graphics) の援用が盛んに行なわれるようになりました．実はその背後には，さらなる正確性や効率性を求めて，数多くの数学的手法が用いられています．本章ではそのような例について，高橋成雄氏 (会津大学) および安生健一氏 (オー・エル・エム・デジタル) の研究事例を通して概観してみたいと思います．

4.1 可視化におけるトポロジー

最初に高橋氏の研究例から紹介しましょう．まず身近な可視化技術の例として，地形の形状表現を考えます．CG においては，このようなデータは三角形のポリゴンメッシュで表現されます．そこから得られる地理的な特徴としては頂上・峠・谷底などの地形の起伏が挙げられ，我々人間にも直感的に把握できる情報です．しかしこれらの特徴は独立に抽出されるものですから，極めて**局所的** (local) な情報しか与えてくれません．地理的な情報を本質的に理解するためには，やはりそれぞれのデータのつながり (データ構造)

を読み取る必要があります．具体的には，尾根線や谷線に関するデータを加えることで，**大域的** (global) な情報を得ることが可能となります．これは**モース–スメール複体** (Morse–Smale complex) とよばれるもので，地形の形状・起伏をネットワーク上で表現する代表的な手法として知られています．一方，これらの特徴点は，等高線の分岐・併合が起こるポイントを抽出したものともみなせます．このようなデータを特徴量として考えることで，特徴点を頂点とするようなグラフが得られます．このようなグラフを**コンターツリー** (Contour tree) とよびます．

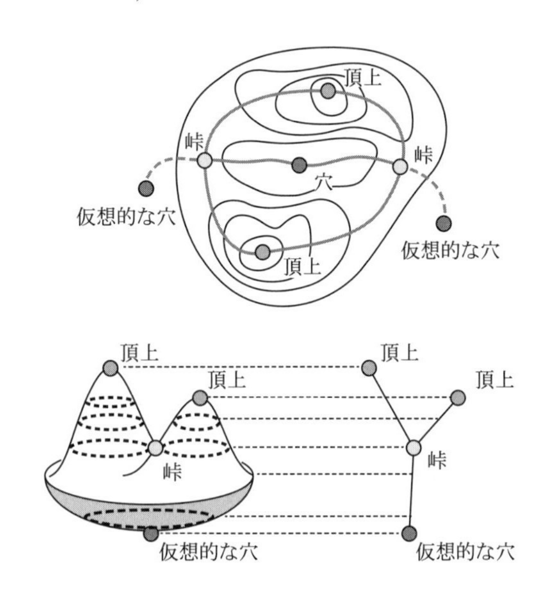

図 4.1　モース–スメール複体とコンターツリー

以上から，地形の形状表現における可視化処理には，グラフ理論などの離散数学だけを考えればよいように思えます．しかし高橋氏はそうではなく，さらにトポロジーの概念を援用しようと考えまし

た (例として [1] などの研究成果があります). そのメリットについて, 少し数学的な解説を試みたいと思います.

まず今回の問題点は「局所的な情報だけでは全体の構造がつかめない」という点でした. 一方で, トポロジーという分野は「幾何的構造の全体像をつかむ」ための数学的手法が結集した分野です. この意味で, 今回の問題にはトポロジカルなアプローチが適していると言えるでしょう.

一般的にトポロジーと聞くと, コーヒーカップとドーナツは「同じ」である[1)]というような議論が思い浮かぶと思います. 実は可視化の分野では, トポロジーといってももう少し精密な議論が可能となる**微分トポロジー** (differential topology) が用いられます. 例えば, 以下のようなビーチボールと箸置きの形をした曲面を考えると, 両者はどちらも球面 S^2 に同相ですが, これを地理的な視点で見ると頂点の数や谷線の存在など異なる特徴がみられます. このような特徴まで観察できるようなトポロジーが微分トポロジーなの

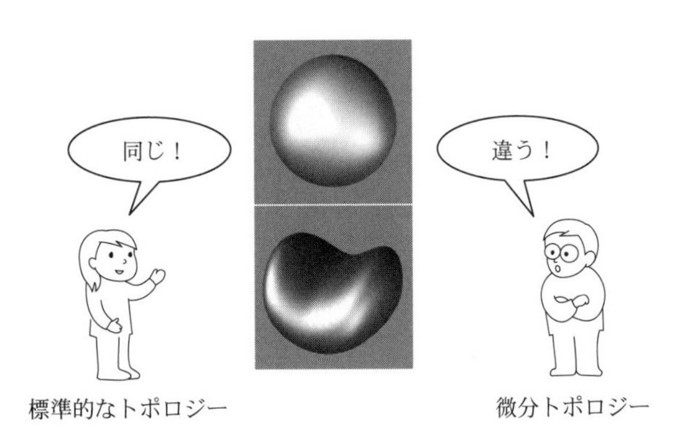

図 4.2 微分トポロジー

1) 正確には「どちらもトーラスに**同相** (homeomorphism) である」と表現します.

です．

微分トポロジーにおける代表的な理論の1つに**モース理論**[2)] (Morse theory) がありますが，これを用いることで地理的な特徴点と胞体に1対1対応をつけることができ，さらに特徴点どうしのつながりも情報として保持できることが知られています．具体的には**ターゲット関数** (target function)

$$f : \mathbb{R}^2 \longrightarrow \mathbb{R}$$

を定義し，緯度と経度が与えられたときに標高を返す関数とします[3)]．モース理論を用いる場合は，上のようなターゲット関数 (**モース関数**) を定義する必要があります．ターゲット関数は他にもあり，例えば空間の点に温度 (もしくは圧力や密度) を対応させる場合であれば

$$f : \mathbb{R}^3 \longrightarrow \mathbb{R}$$

のように取り替えます．こちらは空間分布のデータ，とくに医療3次元データの可視化などに用いられ，コンピュータシミュレーション・可視化の分野においては重要な解析対象となっています．しかし，出力されるのは1次元データ (色分けして可視化されることが一般的) であり，何も工夫をしないと情報の欠けた，ぼやけた可視化画像になってしまいます．

ここで先述のコンターツリーを使うと，データが持つ内部構造を浮き立たせて可視化させることが可能となります．例えば，水素原子に陽子が衝突するシミュレーションデータにおいて，衝突直後のエネルギー分布の可視化問題にコンターツリーの手法を適用

---

2) 多様体の位相的性質を調べるための理論で，モース (Marston Morse) によって提唱されたものです．

3) 詳細は割愛しますが，正確には「離散サンプル」という仮定の下で関数を定義します．

すると，エネルギーのオーバーハング（衝突後にエネルギーが戻ってくる現象）が観察できることがわかりました ([2])．これは当初のシミュレーションをしていたグループが気づかなかった現象で，高度な可視化技術が新しい知見を提供した事例の 1 つといえるでしょう．

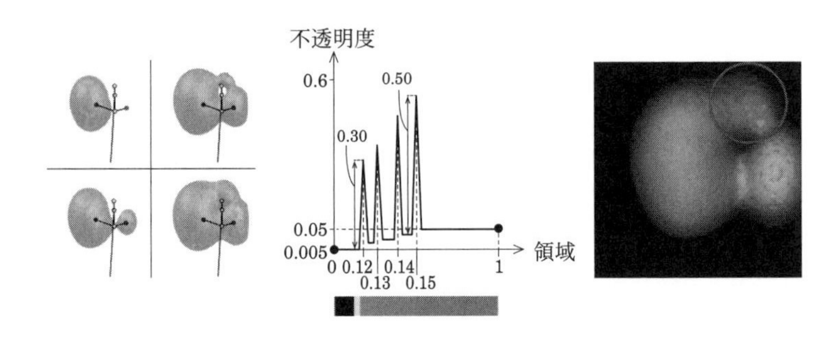

図 4.3　物理シミュレーションの画像比較

コンターツリーを実際に作成するためのアルゴリズムも研究されています．基本的な手法として Hamish Carr 氏 (英国・リーズ大学) の手法が挙げられます ([3])．例えば 3 次元定義域内にスカラ値をもつサンプルたちを与え，四面体分割を施してスカラ値の線形補間を施すことを考えます．このとき，スカラ値の高いサンプルから四面体分割の接続性にそってつなげていくと，Y 字 (二股) の分岐をもつグラフが得られます．逆にスカラ値の低いサンプルから始めると，逆 Y 字のグラフが得られます．これらを融合して得られるものがコンターツリーです．

コンターツリーをより一般化したものも考えられています．例えば一価関数では表現できないもの，例えばトーラスのようにグラフで表現するとサイクルが含まれる場合は，Y 字分岐だけのグラフではなくなることがあります．このようなグラフは**レーブグラフ**

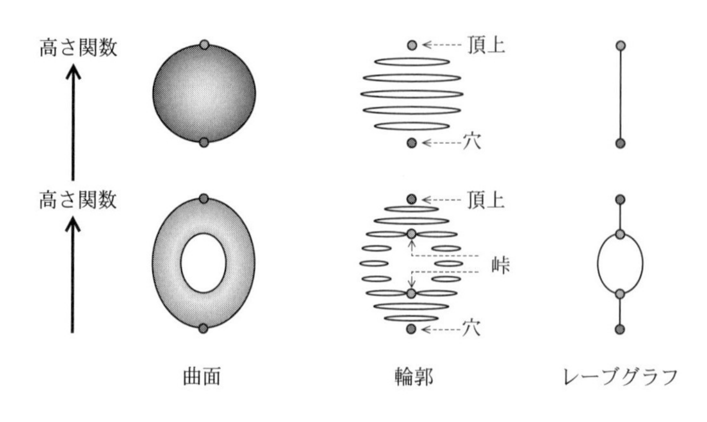

図 **4.4**　レーブグラフ

(Reeb graph) とよばれており，コンターツリーはその特別な場合にあたります．

4.2　近年の進展から

話をターゲット関数 (モース関数) に戻しましょう．近年ではこのような関数の例は数多く提案・研究されています．先述の通り，モース–スメール複体は地形の形状や 3 次元の画像の構造を取り出すツールとして用いられています．しかし特徴量[4)]はノイズに弱く，実データには多種多様なノイズが含まれることを考慮しなければいけません．そこで，一般的にはまず細かい構造を取り出した後に，特徴量間のグラフ構造に対して簡単化を施すことにより，より粗い (大域的な) 構造を抽出するというテクニックが用いられます．この簡単化処理のために，近年注目を集めている**パーシステンス** (persistence) という概念が使われています．サンプリングを適切に行うテクニックも年々向上しており，データが粗ければ粗いなり

4)　数学的には**特異点** (singular point) に対応します．

に，密であれば密なりに解析できるような下地ができつつあるようです．

上記以外にも多種多様な研究があり，曲面上にターゲット関数を直接定義しようという手法や，骨格の情報から (コンターツリーに関する研究手法を用いて) 形状を特定しようという手法も知られています．また，トポロジーの時間変化を追跡することによって，物理現象を評価しようという試みも登場しています．例えば燃焼効率の問題においては，そこに示された特徴量の数やタイプを特異点論の枠組みで理解し，数学的な解析手法に帰着させるというテクニックも知られています．

もちろん，実データが手に入らない状況も考えられます．例えば将来起こりうる自然災害の影響や建築物の強度などを解析する場合は，実際に災害を起こしたり建築物を破壊するわけにはいきません．そのような場合は，まずシミュレーションを行ってデータをとり，そこから同様の評価や可視化を行うことで代替されます．

別の方向として，数学的な一般化についても盛んに研究されています．例えばターゲット関数の定義域の次元を上げたもの，すなわち

$$f : \mathbb{R}^n \longrightarrow \mathbb{R}$$

のケースを考えます．高橋氏らによる研究では，機械学習の分野でよく知られている多様体学習の手法を用いて，高次元定義域内にスカラ値をもつサンプルから次元圧縮によって コンターツリーやレーブグラフを近似表現として取り出すという手法が提案されています．先述の水素原子と陽子の衝突シミュレーションにおいては，この時間変化全体を 4 次元定義域内のサンプルデータととらえて適用することで，衝突の起きる部分がグラフの分岐として抽出できることがわかっています．

さらなる一般化として値域の次元も上げた場合，すなわち

$$f : \mathbb{R}^n \longrightarrow \mathbb{R}^m$$

とした場合を考える研究も進んでいます．例えば空間の温度分布と圧力分布を考え，等温面と等圧面を追跡することにより，それぞれ異なった形のコンターツリーが得られます．しかし，このデータでは温度と圧力の関係は完全に独立しています．もちろん我々の住む世界では，温度と圧力の間には少なからず相関がありますので，より精密なシミュレーションのためには両者の相関をコンターツリーの枠組みにおいても考慮しなければいけません．そこで考えられたのが，2 つの関数値の等値面の交わった部分に着目し，その箇所の値の変化を追跡する手法です．これは数学的には**束** (fiber) として捉えることが可能で，特異点が存在する束 (**特異束**) のトポロジーの変化を値域において解析することに対応しています．

このような特異束を追跡するためのインターフェースが，高橋氏，H. Carr 氏および佐伯修氏 (九州大学) によって開発されています ([4])．具体的には**ジョイントコンターネット** (JCN：Joint Contour Net) とよばれる離散近似表現を用いることにより，連続で追跡することが困難な複数のデータ解析を可能としています．この手法自体は H. Carr 氏が近年提案したものです ([5])．このインターフェースによって，特異束の形を時間変化とともに観察することが可能となりました．特異束の型の分類については専門家である佐伯氏によって行なわれましたが，コンピュータ上では扱うことのできる空間が有限であることから，特異束にも境界が生じるという新たな問題が生じました．これ自体が大変興味深い数理的問題であったことから，新たな幾何学分野の研究へとつながりました．これもコンピュータサイエンス研究と数学研究との，実りあるインタラクションの一例といえるでしょう (図 4.5)．

また以上の研究の活用例として，高橋氏は福島原発周辺の放射線

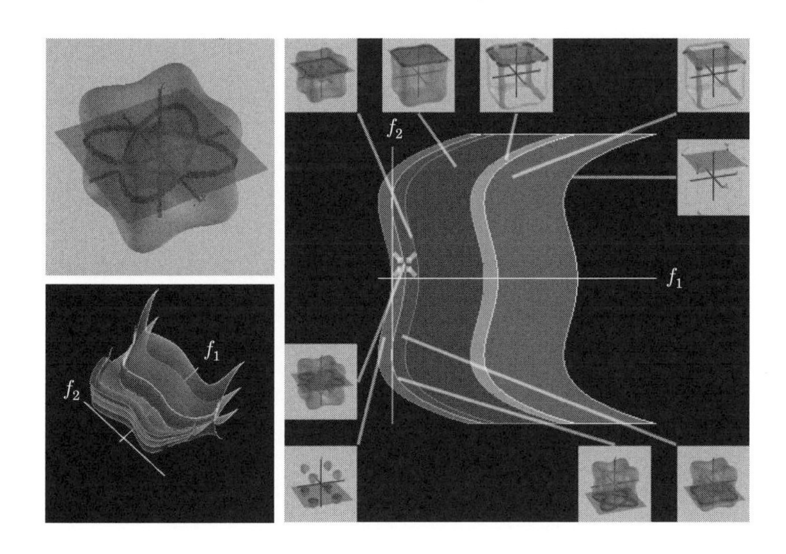

図 **4.5**　特異束追跡のためのインターフェース

量の分布分析への応用も推進されています．これは眞田幸尚氏 (日本原子力研究開発機構：JAEA) と共同で行なわれているプロジェクトです．

4.3　「魅せる」可視化技術

与えられたデータを適切に可視化するという試みは，数理科学の研究分野をこえて，私たちの身の回りにも多く影響しています．例えばエンターテインメントの世界では，CG の技術の飛躍的な進歩により，映画・ゲームの映像クオリティは格段に向上しました．そこには作り手が「魅せる」ための膨大な工夫と労力が込められています．もちろんこのような例はエンターテインメントだけにとどまらず，広告業界やインフラ設備などにも数多く登場しており，まさに「万人のための基本メディア」として CG は認知されています．

近年，この膨大な作業量を数学を用いて削減したり，効率化を図る研究が進んでいます．のみならず，より質の高い映像を提供するためのさらなる改良も数多く提案されています．ここからは安生氏の研究例を通して，CG を用いた映像表現について見ていくことにしましょう．

CG は大雑把に表現すれば，人間の頭の中にあるイメージを可視化するものとしてとらえられます．いわばイメージの生成・統合 (synthesis) を目指す分野です．似た対象として**コンピュータビジョン** (computer vision) があり，これは現実の対象物を解釈するもので，CG と対比して表現されることが多いのですが，近年ではリアリティの高い CG も数多く登場するようになりました．そのため，CG の分野においても「らしさ」を保証するため，第一段階として数理的な解析を行なうことが必須となっています．

ここで用いられるのは主に数学や物理学の知識で，例えば水や煙といった流体の表現に活用できることは想像に難くないでしょう．

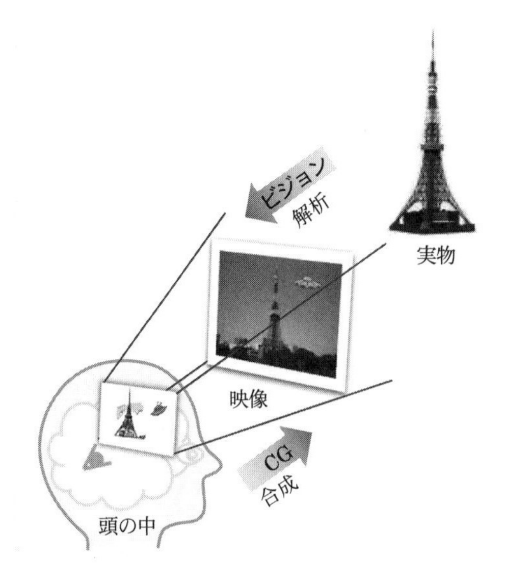

図 4.6　コンピュータグラフィックスとコンピュータビジョン

しかし例えば「人間らしい人間を表現するには」という課題や「モンスターのような未知のものをそれらしく表現するには」という課題に直面したとき，どうしても数学や物理学だけでは解決できないということが発生します．そうしたとき，映像メディアの根幹として役に立つための新しい技法が必要となってきます．数学や物理学が映像メディアに及ぼす影響があれば，逆に映像メディアで培われたテクニックが数学や物理学に還元されることも十分にあるわけです．このような大域的・将来的なビジョンを見据えて可視化研究を進めていくことが，今後のブレークスルーにつながると考えられます．

それでは，CG 制作における基本的なプロセスについて紹介しましょう．制作過程は大きく「モデリング」「レンダリング」「アニメーション」の 3 つに分けられます．

まず**モデリング** (modelling) は，形を作ることや表面の材質のモデル化などを行う工程です．とくに後者は**テクスチャリング** (texturing) ともよばれます．一般的に CG データはポリゴンメッシュとよばれる三角形分割によって表現されており，アニメーターやデザイナーがこれを加工することでさまざまな CG モデルが作成されます．また，例えば異なる CG オブジェクトを繋ぎ合わせたりする場合は，つなぎ目のなめらかさなどを保証するために数理的手法が用いられることがあります．具体的には**ポアソンメッシュ編集法** (Poisson–based gradient equation, [6]) によって表される境界値問題の求解などに帰着され，コンピュータ上で自動計算されています．21 世紀になってからこの分野は飛躍的に進歩していますが，逆にいえばそこまで長い歴史があるわけでもありません．

次に**レンダリング** (rendering) ですが，これは 3 次元のシーンデータから画像として表示されるまでの処理工程全般をさします．数学的にはレンダリング方程式とよばれる積分方程式を解くことに帰着されます．現在もさまざまな状況下での高速化や効率化，ゲームなどへのリアルタイム応用など技術開発が盛んに行なわれています．例えば流体表現などの自然現象をレンダリングする際にはナヴィエ–ストークス方程式 (Navier–Stokes equation) を，弾性変形シミュレーションを行なう際にはそれに応じた微分方程式を考慮し，計算機上で解いていきます．ただし数学の研究と大きく異なるのは，レンダリング方程式が解けたからといってプロセスが完了するわけではない点です．完成したレンダリング画像を確認し，見えるもの・見えないものを仕分ける判断や演出上の細かい修正が入るため，単純に方程式を解くよりも手間がかかります．このような場面にも数学を用いた効率化ができないか，産学一体となって研究が進んでいます．

最後に**アニメーション** (animation) ですが，これはご存知の通り被写体やカメラなどの動きも取り入れた最終形の映像を作る工程です．映画などの実際の映像制作現場では，あらゆる異なったデータが 1 つのフィルムに実現されていることがあります．例えば空や雲の映像は実写画像を，建築物や樹木は大量のポリゴンメッシュを，木の葉のような微細なものは画像データによるテクスチャをというように，それぞれに適したデータが利用されます．これに加えて，大気中の光の差し込みや反射，陰のシミュレーション，カメラワークなども考慮され，その処理は膨大なものになります．1 つのシークエンスに 1 か月以上を要することも少なくありません．このように，現場における一番のボトルネックは膨大な手間と時間のコストといえます．この状況は海外の制作現場でも同じですが，ハリウッド市場に代表されるように規模の違いがあるため，技術的には海外の方が進んでいるようです．海外の CG アニメーション映画では制作に数年かかることも普通ですが，それだけの予算と人材が充実していることも大きく影響しています．一方で日本では，制作にかけられる期間は長くても 1 年前後が限界でしょう.

もう 1 つの課題は「**らしく見えるかどうか**」です. 言いかえれば「**適切な特徴付けができているかどうか**」が肝要となります. 作り手の意図がはっきり伝わらなければ, 適切な可視化とはいえません. 作品や場合によっては, 自然現象に反した演出を要求されることも少なくありません. それでも不自然さを感じさせない映像にするにはどうすればよいか, 自然科学の理論と映像数学の理論の交叉点にはまだまだ多くの解決すべき問題が残っているのです.

4.4 CREST プロジェクトの事例から

CG において最も難しい問題として挙げられるのが「**人間**」と「**流体**」です. 人間の表情や動き, 髪などの繊細な表現や, 実物に限りなく近い波や雲・煙の演出などは, コンピュータの性能が飛躍的に向上した現代においても極めて困難とされています. その一方で, 応用できる分野も格段に多いため, 世界中で盛んに研究されています. 安生氏はこれらの問題に重点的に取り組むため, 2010 年より CREST プロジェクト「数学と諸分野の協働によるブレークスルーの探索」(研究総括：西浦廉政氏 (東北大学・当時)) において「デジタル映像数学の構築と表現技術の革新」と題する研究チームを立ち上げ, 研究代表者を務められました. 映像メディアの根幹として役立つ技術の開発と普及を目的としたこのプロジェクトでの取り組みについて, いくつか紹介したいと思います.

まず人間の表情について考えます. ここではとくに「人間ではない対象物を人間らしく演出する」という例を挙げましょう. 例えばハリウッド映画の「キングコング」や「アバター」においては, コングなどの登場人物はすべて CG によって表現されています. このようなキャラクターの表情を演出する際の技術としては**リターゲッティング** (retargeting) が知られており, 例えばあるキャラクターの表情変化を入力して，他の異なる複数のキャラクターへ同時に表情のエッセンスを移植するものです．この手法の大きな利点はやはり効率化で，アニメーターが 1 つずつ膨大なキャラクターの表情変化を演出する時間と労力を削減することができます．とくに近年では登場するキャラクターも多く，かつ微細な表現が求められますし，ゲーム業界においても AI を用いた群衆表現などが可能になったことから，格段に多くのキャラクターを演出する必要が出てきています．

しかし，効率化だけでは解決できない問題もあります．大まかには似ている表情であっても，細部の表現については個性を出すために多少の編集がどうしても必要です．編集をするのはもちろんアニメーターですから，人間が介入する作業を自然と受け入れられるような技術やインターフェースを作り出す必要があります．

この問題を解決するため，安生氏の研究チームは，ターゲットとなる表情の時間変化はもともとの入力された表情とあまり変わらないという性質を数学的にモデル化することを考え，あるノルム空間の最適化問題を解く作業に帰着するという手法を開発しました([7])．アイデアそのものは関数解析学のオーソドックスな理論を用いるものですが，数理的手法が CG で作り上げる人間の特徴を演出することに適用できるという新しい知見を与えています．例えば図 4.7 では，1 つの人間のモデルを用いた表情表現を，自動的に他の 3 種類のモデルに適用した結果を示しています．とくに最後 (一番下) は人間ではないキャラクターですが，微細な表情変化をうまく引き継げていることが観察できます．なお，ここではフレームの一部だけを掲載していますが，実際にはなめらかなアニメーションとして入力・出力が行なわれます．

このような事例では，数学とは異なり，得られた成果 (実際の映像など) の完成度を客観的・定量的に評価することはとても難しく，

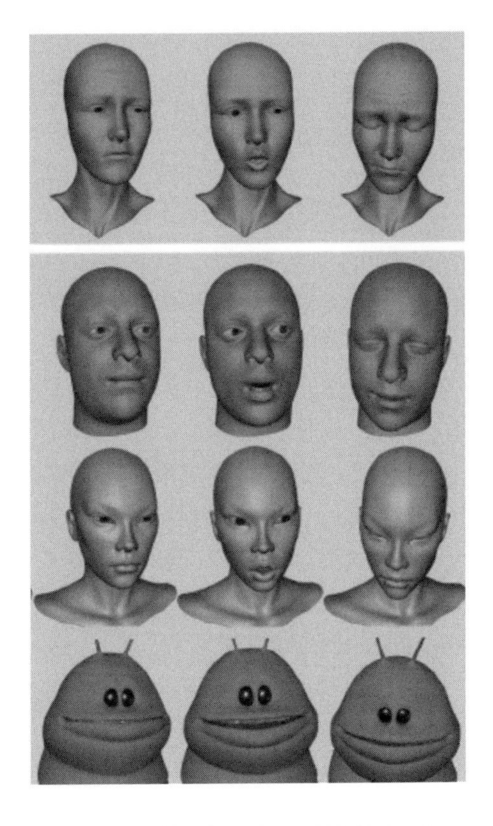

図 4.7 表情の表現（[7] の研究事例から）

多くの場合は映像監督など，作り手の主観的な評価に大きく影響を受けます．しかしながら，この研究成果が制作現場にもたらした影響は小さくなかったといえるでしょう．

もう 1 つは流体の表現です．これについても，我々にとって非常に身近な対象物であることから，もっともらしい (リアリティのある) 映像を効率的に実現するハードルは極めて高いといえます．一方で，映画における演出の 1 つとして「実際の流体の動き，物理現象に反した映像がほしい」という状況も頻繁に起こります．例えば雲や煙が徐々に変化して，巨大なモンスターのような形になるというシーンは皆さんも一度は見たことがあるでしょう．そういった演出は，単なる流体シミュレーションでは解くことは難しく，たとえ部分的に解けたとしても，演出としては不満足な結果になることがほとんどです．

安生氏の研究チームは，このような問題に対していくつか大きな成果を与えました．例えばシミュレーションで得られた流体の煙がだんだん曲がっていく演出において「曲がってもそれらしく見える」ための手法，つまり人間が手を加えてもリアリティを失わないような流体変化の制御を，数理的手法を用いて自動的に求める手法を確立しました．もちろん，障害物との干渉による変化も考慮されています．ここでは単にシミュレーションの条件を変化させているだけではなく，作り手の演出を引き出しつつ操作を簡単化する**ディレクタビリティ** (directability) の実現を目指したものです．もちろん，表現する対象が物理現象としてとらえられる場合は，物理学的な知識の蓄積・シミュレーションは大きく貢献します．しかしそれでも不十分で「演出」が必要となったとき，このような場合についても数理モデルを適用することで解決しようという試みが，この研究の新規性を表しています．

また別の成果として，粗い CG アニメーションから高繊細な CG アニメーションを再現する試みもあります ([8])．これは 2 次元のデータベースを大量に用いて，粗い画像から最も近いと予想される CG を抽出し，アニメーション化する手法ですが，当然膨大な作業負荷がかかります．そこで数理的手法を用いて，作業負荷を軽減する工夫が与えられています．

以上のように，人間や流体の表現を行なう際において高繊細な CG アニメーションを実現するには，膨大なポリゴンメッシュの処

図 4.8 煙の表現．左の粗い画像をもとに，右の高精細な画像を出力する ([8])．

理が必要となります．これは計算機の能力が飛躍的に向上している現代においてもボトルネックとなる問題です．とくに近年で VR 技術などの普及により，リアルタイムで正確に処理できることも要求されています．このような課題に対する 1 つの解決策としては**ポリゴンリダクション** (polygon reduction) が挙げられます．ただし，単にポリゴンの数を減らすだけでは適切な CG 表現ではなくなってしまうため，特徴的な箇所を保持したポリゴンリダクション技術が必要です．つまり，強調したい特徴的な箇所はポリゴン数を減らさずに，それ以外の削減できる部分だけデータサイズを抑えるというテクニックが求められます．一例としては，モデルの平均曲率の局所エントロピーに着目する M. Limper らの研究があります ([9])．また安生氏のチームにおいても，より高速処理可能かつ大規模データに適用可能な技術に関する研究が進行中です．

さらに別のテーマを考えてみましょう．人間の表情や流体の表現は，微細な 3DCG に限った話ではありません．いわゆる我々が慣れ親しんできた手描きアニメ (2DCG，カートゥーンアニメーション) や，3D モデルを使って 2D アニメーションのように演出する 2D–like CG においても同様の問題が生じます．大きく異なるのは，この場合における「もっともらしい演出」が 3DCG におけるものとは多少違っている点です．

例として**トゥーンシェーダー** (toon shader) を挙げてみます．トゥーンシェーダーとは，3D モデル上に手描きアニメ調の陰影をつける技術およびソフトウェアのことをさします．手描きアニメにおける「なめらかさ」と「もっともらしさ」を保証するためには，あえて非物理的な挙動を演出に組み込むことがあります．実際には映りえない陰をつけて表情演出の強調を狙ったり，表情をはっきりさせるために目の部分だけを明るくしたりします．さらにライトの変化が起こっても，このような人間による演出効果が崩れないようにしなければいけません．ここでよく用いられる手法が **RBF 補間** (Radial–Basis–Function interpolation) とよばれるもので，発想としては先述のリターゲッティングとよく似ています．具体的には，代表的な基底関数 (エネルギー関数) を用いて演出効果を保持

図 4.9　トゥーンシェーダー ([10] の研究事例から).
左が入力画像で，ここから頬の部分における影の領域を意図的にずらしたり，フェイクな影を追加したものが右の出力画像．実際にはアニメーションとして入力・出力がなされ，調整の効果を引き継いだままアニメーションを作成できる．

図 4.10 ポリゴンリダクション.
saliency map とよばれる写像を用いて効率的な処理を行う.
左：色の濃い部分が保持したい特徴領域. 中：一様にリダクションしたもの. 右：特徴領域は高精細なまま, ほかをリダクションしたもの. (画像提供：安生健一氏.)

できるように数学的処理を施すもので, さらに陰影の境界面 (しきい値処理) などを直感的に行うインターフェースの設計までを行なっています ([10]). これにより, アニメーターは 3D モデル上に陰影をペンでつけるだけで, アニメーションの演出意図をより的確に実現できるようになります. ただし実用化の観点からすると, さらなる挑戦が続けられています (例えば [11] など).

以上のように,「魅せる」可視化を効率的に実現するためには, 物理的シミュレーションや工学的アプローチだけでは不十分であり, それらを含めた新しい数学の発展が欠かせません. 思いがけないところで, 思いがけない数学が技術革新につながってゆく, 刺激的な分野であることは間違いないでしょう.

◎講演情報

本章は 2021 年 1 月 13 日に開催された連続セミナー「数学と可視化技術」の回における講演：

- 高橋成雄氏 (会津大学)「可視化におけるトポロジー」
- 安生健一氏 (オー・エル・エム・デジタル)「映像メディアを支える数学」

に基づいてまとめたものです.

◎参考文献

[1] S. Takahashi, T. Ikeda, Y. Shinagawa, T.L. Kunii, M. Ueda, *Algorithms for Extracting Correct Critical Points and Constructing Topological Graphs from Discrete Geographical Elevation Data*, Computer Graphics Forum **14** (3), 181–192, 1995.

[2] S. Takahashi, Y. Takeshima, I. Fujishiro, *Topological Volume Skeletonization and Its Application to Transfer Function Design*, Graphical Models **66** (1), 24–49, 2004.

[3] H. Carr, J. Snoeyink, U. Axen, *Computing contour trees in all dimensions*, Computational Geometry **24** (2), 75–94, 2003.

[4] D. Sakurai, O. Saeki, H. Carr, H. Wu, T. Yamamoto, D. Duke, S. Takahashi, *Interactive Visualization for Singular Fibers of Functions* $f : \mathbb{R}^3 \to \mathbb{R}^2$, IEEE Transactions on Visualization and Computer Graphics **22** (1), 945–954, 2016.

[5] H. Carr, D. Duke, *Joint contour nets*, IEEE Transactions on Visualization and Computer Graphics **20** (8), 1100–1113, 2014.

[6] Y. Yu, K. Zhou, D. Xu, X. Shi, H. Bao, B. Guo, H.-U. Shum, *Mesh editing with poisson–based gradient field manipulation*, ACM Transactions on Graphics **23** (3), pp. 644–651, 2004.

[7] Y. Seol, J.P. Lewis, J. Seo, B. Choi, K. Anjyo, J. Noh, *Spacetime expression cloning for blendshapes*, ACM Transactions on Graphics **31** (2), 1–12, 2012.

[8] S. Sato, T. Morita, Y. Dobashi, and T. Yamamoto, *A data–driven approach for synthesizing high–resolution animation of fire*, In Proceeding of the Digital Production Symposium 2012 (DigiPro2012), pp. 37–42, 2012.

[9] M. Limper, A. Kuijper, D.W. Fellner, *Mesh saliency analysis via local curvature entropy*, Proceedings of the 37th Annual Conference of the European Association for Computer Graphics: Short Paper, 13–16, 2016.

[10] H. Todo, K. Anjyo, W. Baxter, T. Igarashi, *Locally Controllable Stylized Shading*, ACM Transactions on Graphics **26** (3), Article No.17 (7pp), 2007.

[11] L. Petikam, K. Anjyo, T. Rhee, *Shading Rig: Dynamic Art–directable Stylised Shading for 3D Characters*, ACM Transactions on Graphics, **40** (5), Article No.:189, pp. 1–14, 2021.

第5章 シミュレーションとデータ科学

データ科学とは，文字通りデータに関する科学です．理論と実験の双方の視点からデータを解析することで，自然現象を事前に予測することができます．ここでは理論モデルと経験モデルの融合，データ同化などのキーワードに触れながら，未知の物質の発見，太陽電池の特性予測，自然災害の予測などにも応用される「予測科学」について見ていきましょう．

5.1　データ科学

データとは，観測や実験によって得られる数値や図の集まりのことです[1)]．ここ数十年の間に，ゲーム機やスマートフォンの普及や進化からも分かるように，コンピューターの高度化が進んでいます．中には膨大な量のデータや，扱いが困難な複雑なデータもあります．このようなデータをビッグデータといいます．ただデータの量が大きいものをビッグデータと呼ぶわけではなく，複雑性や多様性などの質がビッグであるデータのこともビッグデータと呼ばれています．ビッグデータを扱うには，ときにはスーパーコンピュー

1)　純粋数学の専門家がデータというときは，いくつかの集合の組 $(A_\lambda)_{\lambda\in\Lambda}$ のことを指す場合があります．例えば，関数のマクローリン展開 $a_0 + a_1x + a_2x^2 + \cdots$ の係数たち $(a_0, a_1, a_2, \cdots)$ は関数のデータです．

ターと呼ばれる高性能の大規模なコンピューターが必要になります．コンピューターを用いてデータを解析することは現在の科学分野においては非常に強力な手法であり，データ処理の技術は産業界のさまざまな場面で応用されています．

この章では，データ科学と呼ばれる分野について紹介します．データ科学はデータサイエンスとも呼ばれています．データ科学があれば，与えられたデータを使って順問題や逆問題を解くことによって，もともとのデータよりも多くの情報を得ることや，未知の現象を予測するということが可能になります．ここで，順問題を解くとは，系の入力から系の出力への写像が与えられたときに，系の入力をもとに系の出力を解析することです．そして逆問題とは，先程とは逆に系の出力から系の入力を求めることです．簡単に述べますと，原因から結果を導くのが順問題，結果から原因を導くのが逆問題です．

◎5.1.1　シミュレーション

データ科学ではシミュレーションによって得られるデータを扱います．シミュレーションとは，数理モデルを使ってコンピューターの中で実験することです．シミュレーションにより，実験をするのが困難であるような現象であっても，その現象を方程式を使ってモデル化し，方程式をもとに，入力データから出力データを得ることができます．例えば雷や台風や地震といった自然現象は頻度が少なく，十分なデータが得られません．また，宇宙に関する研究をしようにも，実際に地球の外に行くことは非常に困難です．一方，シミュレーションを行うことで，実験が困難な場合にも十分なデータが収集できます．シミュレーションはいわば仮想実験です．ですから，実際の現象から生じるデータとシミュレーションから得られるデータが一致するとは限りませんし，一致しない場合のほうが多いです．

シミュレーションをするにあたり，理論の側面からのアプローチと実験の側面からのアプローチがあります．前者で用いられるのは「理論モデル」です．これは物理由来の方程式で記述されるモデルのことです．後者で用いられるのは「経験モデル」で，これは観測・実験によって得られたデータをもとに作成されるモデルのことです．これら2つのどちらのモデルを使えば効率が良いかというと，どちらのモデルもデメリットがあります．例えば理論モデルのデメリットとしては，計算コストが高いこと，理論と現実のギャップがあることなどが挙げられます．一方，経験モデルのデメリットとしては，作るためにはたくさんのデータが必要であること，そもそもデータが少ないと何も予測できないこと，などが挙げられます．

理論モデル，経験モデルのどちらもそのままではデメリットがありますが，実は，この2つのモデルから良いところだけを抽出して組み合わせれば，実際のデータをより反映するような精度の良いモデルが作れることがあります．このようなモデルを作ることで，「限られたデータの壁を乗り越える」「データ科学の内挿的予測の限界を超える」ということが可能になり，シミュレーションによるデータと実験のデータの間のギャップをデータ科学で埋めることが可能になります．最先端の科学の領域に行けば行くほどデータの量も質も不十分なので，データ科学の技術の発展が不可欠なのです．また，シミュレーションとデータ科学をうまく融合させて「データ駆動型研究に資するデータを作る」という，大規模なデータベースを作ることも研究されています．

さて，ここからは統計数理研究所の吉田亮氏の3つの研究を通して，「限られたデータの壁を乗り越える」「データ科学の内挿的予測の限界を超える」「データ駆動型研究に資するデータを作る」を達成するような，シミュレーションとデータ科学の融合の例を見ていきましょう.

◎5.1.2　データの壁を乗り越える

新しい物質の発見に関する研究を見ていきましょう. この研究の中で「限られたデータの壁を乗り越える」がどのように達成されたのかというと, 転移学習というデータ科学の技術が使われました. 転移学習とは, 機械に学習させたいものがあったときに, 関連する別のものを学習させ, それを転用するという機械学習における手法です. これは身の回りの事項に例えるなら, ピアノを既に習った人がほかの楽器を習得するのは, 初めてその楽器を習得する人よりも簡単であるということです. ほかにも例えば, フランス語を学習する際に, 英語を既に習得している人のほうが, 初めて外国語を学習する人よりも簡単だといえます. 人の学習において起こりうるこのような現象は, 教育の世界では正の転移と呼ばれています. 機械学習における転移学習も, 人が楽器や外国語を習得する際の正の転移と同様のことを利用しています. 転移学習の適用例としては画像認識があります. 機械がある画像を見てその画像が何であるかを判断する際に, 通常だと大量の画像で学習させた上で判断させます. この方法だと画像ごとに大量の画像を学習させなければいけないので, コストが掛かってしまいます. このようなときに転移学習をおこなうと, ほかの似たような画像を使って既に学習させておくことで, 機械が容易に画像を判断することができます. すなわち, 逐一大量の画像で学習させ直す必要はなく, 少ない画像の学習で済むということです. 一般に材料系のデータは, 収集コストが高いためにデータ数が少ないという事情がありますので, 転移学習を物質の研究に適用することでコストを抑えることが可能になります.

研究の目的は, 高い熱伝導率を持つ新しい結晶を発見することです. しかしながら, 研究を開始した当初, 熱伝導率に関する結晶の構造と物性のデータは，たったの45点しかありませんでした．一方で，SPS[2]という物性 (物理的性質) のデータについては，第一原理計算 (量子力学に基づいた計算) によって吉田氏の研究グループは320点集めることができました．すると，たくさんデータがあるのでそこからSPS予測モデルを作ることができます．そこで，SPSのモデルをうまく活用して少ないデータから熱伝導率のモデルを構築するために，ニューラルネットワーク[3]を使った転移学習が使われました．最初に，320個あるデータを用いて，SPSの入出力の関係を表すニューラルネットワークを構築します．この関連する物性の予測モデルを熱伝導率の45個にうまく適合させると，非常に高い予測精度を持つモデルができることが分かりました．同グループは，このモデルを用いて多数の候補材料のスクリーニングを行い，その結果，熱伝導率が非常に高い新しい結晶構造が発見されました．SPSに目を向けず熱伝導率だけに注目していたら，おそらく熱伝導率が高い物質を見つけることはできなかったでしょう．

転移学習の面白い点は，データが全然ない領域の現象を予測できることがあるということです．上述の研究では，もともと持っていた45個のデータは熱伝導率が300W/mK[4]程度のものしかありませんでした．しかし上記の熱伝導率モデルでは，300W/mK程度のデータしかないにも関わらず3000W/mK程度の領域にある新しいデータを予測することができました．

---

2)　散乱位相空間．scattering phase space の略です．ここでいう位相空間 (phase space) は物理の用語です．数学の分野でいうところの位相空間 (topological space) とは異なります．

3)　ヒトの脳の神経の数理モデル，およびそれと同様のモデルのことです．

4)　Wはワット．mKはミリケルビン．

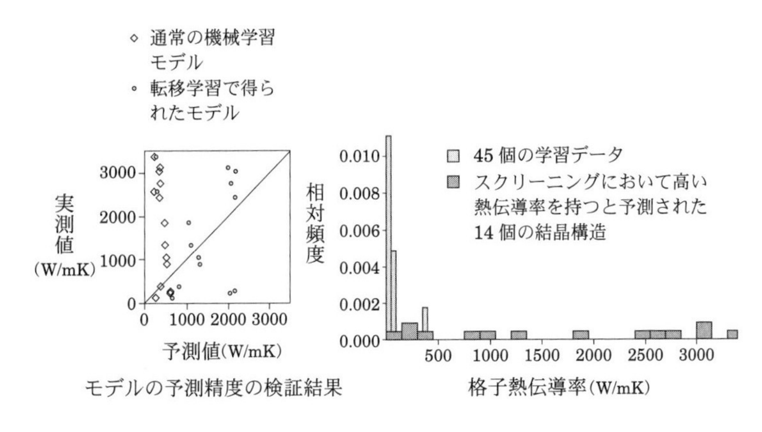

図 5.1 熱伝導率のグラフ．実験で得られたデータは左端の棒部分だけですが，右側の棒部分のデータを予測することができたことを表しています．(出典：[1] の p.1726, Figure 5 を改変．)

◎5.1.3 予測の限界を超える

次に有機薄膜太陽電池の研究を見てみましょう．2012 年の有機薄膜太陽電池のパワー変換効率の最大値は 11%程度です．一方で，2009 年の最大パワー変換効率は 6%程度です．さてここで，2009 年のデータだけを使って 2012 年のデータを予測することは可能か，という問題を考えてみます．もしこれが可能であれば，2009 年時点で，2012 年という未来のデータを予測することができるわけです．しかしながら，データ科学だけでそれを実現することは非常に難しいです．データ科学では，いま手元にあるデータのパターンを読み解き，未来を予測します．したがって，データ科学による予測は基本的に内挿的になるため，データが周辺に存在しない革新的な発見にはなかなか到達できないことになります．そこで吉田氏の研究グループでは「適応的実験計画法」[5]と呼ばれる方法を

5) 実験計画法とは，現象の要因を突き止め，その要因となるデータを変動させて解析する統計的手法の総称です．適応的実験計画法もそのうちの 1 つです．

用いて，計算機実験によるデータ生成とデータ科学による材料設計のアルゴリズムを循環させるシステムを構築しました．機械学習のアルゴリズムで所望の特性を持つと予測される候補材料を生成し，実験計画法で絞り込まれた候補材料の特性を第一原理計算で評価します．このようにして追加されたデータをモデルに学習させていきながら，モデルの予測性能と適用範囲を徐々に拡張していきます．この一連のワークフローをコンピューター上で自動化する枠組みを構築しました．これにより，2009年までのデータのみから，2012年時点で最高性能を達成する有機薄膜太陽電池の材料を発見することに成功しました．この研究は，シミュレーションとデータ科学を融合することでデータ科学の内挿的予測の限界を越えて，外挿的なデータを得ることが可能になった一例です．

◎5.1.4　データ駆動型研究に資するデータを作る

次に汎用性の高いデータベースの作成について見ていきましょう．ここではシミュレーションデータのデータベースに触れていきます．材料科学の分野では，機械学習に利用するためにシミュレーションによるデータベース作成が世界規模で進んでおります．

材料科学では，データが不足しているというのが一番の問題です．例えば高分子材料の場合だと，データ科学で扱うだけのデータがあるとはいえません．無機化合物のデータベースについては，第一原理計算をもとに包括的なデータベースが開発されていますが，一方で高分子材料の世界では，データベースはいくつか知られているものの，無機化合物のデータベースのような包括的な巨大なデータベースの構築は実験的にも理論的にも難しい状況です．それでは高分子のデータベースをどう作ればいいのかというと，たくさんのパートナーとコラボして，データを溜めて共有するというプロジェクトが現在進行しています．これは，低コストで巨大なデータベースを作るためには大学や企業と共同でデータを取り，これにより広い範囲のデータを集めて大規模なデータベースを構築する，というプロジェクトです．今は，これをどうやって実現していけば良いのかということを，さまざまな分野の研究者が模索している段階です．材料科学はシミュレーションのデータが活用できる分野なのです．

◎5.1.5 データ科学の研究で求められる多様性

データ科学を推し進める上ではさまざまな分野に関する理解が必要です．データ科学が活用される現場には必ず，物質，生命，社会，情報という実世界の諸問題が存在します．そのような他分野をデータ科学によってアシストするだけでは不十分であり，データ科学自身が未開の領域を切り開くことが，科学と実社会の発展のためには不可欠なのです．そのためには「データ科学の研究者は，90％が応用のことに費やされる．残りの 10％がデータ科学や数理科学の研究に割かれる」という提言もあるくらいに，応用分野に対する見識を持っておくことが求められています．統計・機械学習・数理モデル (応用数学) に関する知識は当然のこと，ハッキング (実装，プログラミング) の力や，応用分野の知識や嗅覚を総合的に持っている多様的な人材がデータ科学には必要なのです．「理論なき実践」「実践なき理論」はどちらも通用せず，理論 (数学) と実践 (実装) の両方が求められているのです．

5.2 天気予報を支える技術：データ同化

データ科学によって予測するということをこれまで見てきましたが，ここからはデータ同化 (Data Assimilation) と気象学への応用に触れていきます．理化学研究所・計算科学研究センター・データ同化研究チームに属する三好建正氏のチームの研究を見てみましょう．

元来科学では，理論的計算によって期待される実験結果を事前に予測することができます．計算と実験結果を比較し理論の修正や実験の精度の改善をおこなうことで，これまで科学は発展してきました．これまでみた実例からも分かるように，科学の特筆すべき点は，理論を駆使することで未来を予測できるという点です．未来を予測するにあたっては現実に起きる現象から生じるデータをモデル化し，このモデルを用いるのですが，現実とモデルの間のズレはやはり付きまといます．現実とモデルの両者をマージして結びつける技術として「データ同化」と呼ばれるものがあります．データ同化とは，コンピューターで行うシミュレーション (方程式でできた世界) と観測・実験データ (現実世界) を結びつけ，精度の高いモデルを作ることです．データ同化によって観測データとシミュレーションを合わせた情報よりも多くの情報を得ることができますので，データ同化の恩恵として例えば，天気予報の精度を高くすることができます．

気象学におけるデータ同化の最先端では気象衛星や気象レーダーを用いて量が多く質の高いデータ，すなわちビッグデータを収集します．そしてこのビッグデータを用いてデータ同化をおこないます．ビッグデータは処理が大変なので，スーパーコンピューターを用いたり，アルゴリズムを改善したりしてデータ同化をおこないます．ビッグデータに関するデータ同化は「ビッグデータ同化」と呼ばれ，ビッグデータをスーパーコンピューターに高速で取り込むことでより正確なゲリラ豪雨の予測が可能になりました．

例えば，データ同化によって 30 分後のゲリラ豪雨を予測する手法が開発されました．これは「3D 雨雲ウォッチ」というスマートフォンで使えるアプリの開発にも応用されました．豪雨時はたったの 10 分で河川が氾濫するなど，短時間で危険な状況に変化しますので，早く正確にゲリラ豪雨を予測することは私たちの安全にも繋

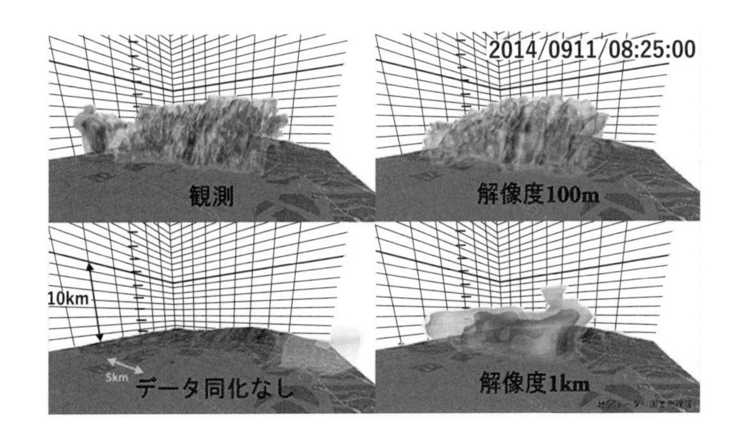

図 5.2　データ同化によるゲリラ豪雨のシミュレーション．
(出典：理化学研究所プレリリース「「京」と最新鋭気象レーダを生かしたゲリラ豪雨予測――「ビッグデータ同化」を実現，天気予報革命へ」)
https://www.riken.jp/press/2016/20160809_1/index.html

がります．

また，観測シミュレーションにもデータ同化は使われています．PAWR (フェーズドアレイ気象レーダー)[6]がもし実際よりも多く存在したら天気予報はどれくらい良くなるだろうかという見積もりが，PAWR を実際に設置することなく行えます．これは天気予報を改善することに繋がります．

データ同化により，新しい気象観測センサーの価値を事前に評価することも可能になります．ここでいうセンサーとは気圧，降水量などの気象データを観測する装置のことで，静止気象衛星も含みます．仮に，地球の静止軌道上にもしレーダーを備えた衛星を置いた

6) PAWR は Phased Array Weather Radar の略で，天候を迅速に観測する装置のことです．電波を発射し反射の度合を計ることで雨粒を計測します．ちなみに rader は RAdio Detecting And Ranging (電波探知測距) の頭文字から来ています．

ら天気予報の精度はどれくらいになるのかを知りたいとします．実際にレーダーを作り宇宙空間に持っていくとなると，実験には莫大な資金と時間を要します．しかし，データ同化の技術により，現実に近い精度で衛星を地球の静止軌道上に置いたときの天気予報の精度を見積もることができます．ほかにも，表面は太陽光パネル，裏面はレーダーになっているような衛星を置いたらどうなるかというシミュレーションもできて，この仮想的なレーダーで台風を観測するというシミュレーションをすることで，天気予報の評価をすることができます．

結論として，データ同化によって，天気を予測するだけでなく，天気予報が今後どのように発展していくかという未来さえも予測できるのです．

◎5.2.1　データ同化でどういう数学が使われるか

データ同化の技術の基盤にある数学は主に，力学系，統計数理，不確実性の定量化[7]の3つです．これらの組み合わせでできているのがデータ同化です．データ同化の問題はカオス[8]の同期問題としてとらえることができます．例えば自然現象を知りたいとき，部分的な観測データをもとにして良いモデルを作ることを考えますが，データ同化とは，モデルを自然現象に同期させることです．カオス的な振る舞いの同期を行うことで，実際の現象と同じデータをシミュレーションから得ることが可能になります．気象学はカオス力

7）不確実性の定量化は UQ (uncertainty quantification) ともいわれます．最近，応用数学で育ってきた理論であり，実験データの誤差や不確実性を可視化することを追究する分野です．

8）複雑な様子をカオス (chaos) といいます．混沌という意味です．簡単な例ですと，漸化式 $x_{n+1} = ax_n(1 - x_n)$ を満たす数列 (x_n) がカオス的な振る舞いを見せます．この漸化式にでてくる $x \mapsto ax(1 - x)$ という写像はロジスティック写像と呼ばれています．

学系の特別な場合ですので，天気予報はもはや数学と言っても過言ではありません．

データ同化においては，観測データとシミュレーションの間のギャップをコントロールする上で，数理モデルと確率モデルを組み合わせた最適なコントロールが可能となります．この際の確率モデルはベイズ推定に基づいた最適化理論が使われています．

今後も，経験，理論，計算，データ科学を統合することによって予測科学を発展させていくことが求められています．

◎5.2.2　気象学以外への応用

データ同化は，天気予報以外にも自然エネルギーの高率化，生命科学，製造過程の効率・品質向上，渋滞緩和などのインフラ整備，地球環境の理解などにも応用が可能です．例えば生態系に関連する応用として，衛星で観測される森林の葉っぱの面積指数という量を，木の一本一本のシミュレーションによって実現できるようになります．ほかにも，工学に関連する応用として，金属板のプレス加工の技術を最適化することが可能です．実際に実験をしなくても，どういうふうにプレスすれば最適かというのを少ないシミュレーションで実現することができますので，コスト削減や，失敗を未然に防ぐということに繋がります．

◎5.2.3　データ科学における人材育成について

データ科学では，応用分野の知識や嗅覚を総合的に持っている多様的な人材が求められています．このような人材を育成することは容易ではありません．すべての分野をカバーできる人材を育成するのはとても困難です．データ科学という分野そのものが統計数理と応用分野の両方を押さえて研究する分野ですので，データ科学そのものが学際的な分野です．データ科学の研究を通して次第にほかの分野の見識も増え，学際的な人材が育成されていくのだと考えられます．

また，データ同化についても見てみると，この分野は気象学において一大分野になっています．気象学の中では主流となっているものが2つあって，数式を使って気象を予測する「モデラー」と実際に観測をして気象を予測する「フィールドワーカー」がいます．この2つを橋渡ししているのがデータ同化の専門家なのです．

三好氏が以前教員として勤務していたメリーランド大学[9]には，物理学，数学，応用数学などの科学分野の研究室が1つになった「IPST」[10]という組織があります．ここには力学系の研究者，気象学者，DNA分野の研究者もいて，異分野の連携が自然とできる環境です．データ同化においても気象学と数学の両面で教育できる環境が整っています．これに対して日本ではデータ同化の教育が非常に遅れています．気象学を扱う日本の大学ではほぼデータ同化の専門教育が行われていないのが現状で，数学科などのほかの組織からの教育外注も容易ではありません．この現状は日本の大学の縦割り構造が背景にあるのだと考えられます．そして，学際的な話題の教育の場を広げるには，横串を通す枠組みが必要だと考えられます．我々が目指すべきなのは，異分野であるという考え方すら存在しない学際連携なのかもしれません．

5.3　最後に

現実とシミュレーションの間のギャップを補完するデータ科学，天気予報の精度を上げることに貢献するデータ同化についてみてきました．少ないデータから未来を予測するということは，コストの

9）アメリカのメリーランド州に位置します．

10）Institute for Physical Science and Technology の略です．和訳すると「物理科学と技術の研究所」となります．

削減の意味でも自然災害から身を守るという意味でも我々の生活を豊かにします．数学は我々の生活を支えているのです．

◎講演情報

本章は 2021 年 1 月 27 日に開催された連続セミナー「シミュレーションとデータ科学」の回における講演：

- 吉田 亮氏 (統計数理研究所)「データ科学の視点からみた計算科学との価値共創の在り方」
- 三好建正氏 (理化学研究所)「ビッグデータ同化――ゲリラ豪雨予測から，予測科学へ」

に基づいてまとめられました．

◎参考文献

[1] H. Yamada, C. Liu, S. Wu, Y. Koyama, S. Ju, J. Shiomi, J. Morikawa, and R. Yoshida, *Predicting Materials Properties with Little Data Using Shotgun Transfer Learning*, ACS Cent. Sci. 5, 1717–1730, 2019.

第6章 統計とスパースデータとAI

統計学，機械学習は数学の応用分野であり，産業界で広く応用されています．統計学，機械学習と産業界の相互作用により，これらは互いに発展してきました．CAPDo と PPDAC のデュアルサイクルが経営戦略の手法として統計学の中で開発されたり，AI[1] の技術の発展に伴い，機械学習を用いたスパースモデリングも現在産業で盛んに応用されたりしています．この章では CAPDo と PPDAC のデュアルサイクルやスパースモデリングを通して，統計学や機械学習と数学の関わりを見ていきましょう．

6.1　これまでの統計学の歴史

統計学とは，データの集まりの傾向を確率や期待値といった数値に置き換える学問です．現在では産業界において統計学はなくてはならないものになっていますが，統計学自体はもともと産業面よりも学術面のほうで発展してきました．数学者ガウス (C.F. Gauss) による最小二乗法はその一例です．最小二乗法誤差論とは，データの誤差の 2 乗の和が最小になるように，データを関数で近似する理論のことです．また，ケトレー (L.A.J. Quétlet) は社会物理学を

1） AI は人工知能 (Artificial Intelligence) のことです．

創生して社会的要素を変える原因の確率を議論しようとしました.ケトレーの提言に基づいて，国際統計学会，国際統計協会，今日の国勢調査が立ち上がっていきます.

学術面で発展してきた統計学は，我々の生活の中でも大きな役割を果たしてきました. 1854 年にコレラが大流行した際に，スノー (J. Snow) 博士は「この水道の水を飲むとコレラになる」ということをデータだけで完全に説明し，感染症の原因究明にも統計学は役に立っています. 1854 年当時は細菌やウイルスの概念がなかったので，コレラ菌という存在ももちろん当時の人たちは想定していなかったわけですが，その時代でも統計学的見地からコレラに対処できたのは統計学の有用さを物語っています．また，1862 年にナイチンゲール (F. Nightingale) も病院における管理の改善活動を行いました．彼女は統計学によって，病院に来られる患者の原因と結果のデータを取るという病院統計整備をイギリスで行いました．病院のナースコールもここが起源となっています．このように，医療現場で統計学は大いに活用されました．上記のような個々の活動に対し，1892 年に統計学者ピアソン (K. Pearson) が「科学の文法」という概念を提唱し，統計学を単に応用数学の 1 つとしてではなく，数学を応用するプロセスをどのように形成するかについて言及しました．ピアソンといえば，統計学でお馴染みの「ピアソンのカイ 2 乗検定」[2)]で今でもその名を目にします.

その後 20 世紀は学術の世界で計量，統計とリンクする学問が生まれるようになりました．例えばピアソンは計量生物学を創始し，弟子のスピアマン (C. Spearman) は計量心理学を創始しました.

---

2) 検定とは，統計学を用いて背反する 2 つの事柄 A, B を想定し，A が起きる確率が小さくなることで A を否定し，B が成り立つとする方法です．カイ 2 乗検定とはガンマ関数を用いて記述されるカイ 2 乗分布を用いる検定のことです．カイ 2 乗分布は正規分布の平方和から生じます.

また，計量経済学も登場しました.

ゴセット (W. Gosset) は，ギネス[3]の研究所でピアソンの指導の下で t 検定[4]を発明し，6年にわたってビールにおける最適な麦の種類，香味，賞味期限の延長を統計的に開発しました．ギネスビールは，スタウトという種類の黒いビールとして，今日私たちに親しまれています．数学の貢献は，私たちが普段美味しく味わっているビールにも見られるというのは驚きです．今日に至るまで，ビール以外の食品品質の向上にも統計学が役立っています．ちなみに t 検定はスチューデントの t 検定ともいわれます．これはゴセットが論文を出す際に，ギネス社から名前の使用許可が出ず，スチューデント (Student) というペンネームを使ったからです．一方，シューハート (W.A. Shewhart) が 1918 年にウェスタン・エレクトリック[5]へ入社後 1931 年までに品質管理学を作りました．彼は生産を計量科学としてとらえるパイオニアです．この活動は産業界に多大な影響を与えました.

農業分野に関しては実験計画法[6]のパイオニアであるフィッシャー (R.A. Fisher) が 1919 年にロザムステッド農事試験場に入り，数理統計学自体を作りました[7]．ギネス研究所のゴセットがロザムステッド農事試験場のような優秀な農事試験で行った品種推薦は，スコットランドではほぼ全滅しました．そのため，もっと一般

---

3) アイルランドのビール醸造会社です．ギネスは地名ではなく創業者アーサー・ギネス (A. Guinness) から来ています.

4) t 分布を用いる検定のことです．t 分布とは，正規分布 X と自由度 n のカイ 2 乗分布 Y に対して $t = \dfrac{X}{\sqrt{Y/n}}$ と表される分布のことです．$n \to \infty$ とすると正規分布に近づきます.

5) Western Electric とも表記されます．アメリカの電機機器の会社です.

6) どの要因が本質的に関与しているのかを解析する統計手法のことです.

7) 数理統計学とは，統計学の基幹機能を数学で理論付けた学問のことです．一方で統計数理学は，現象の記述や最適化のための統計的方法の開発および適用の科学のことであり，統計を基盤とする数学のことです.

化可能性のある推論ができなければならないとゴセットは提唱していましたが，フィッシャーはその解答を実験計画法という形で与えました．

1933 年にはシューハートの影響を受けて，イギリスの規格協会が製品の品質管理とその標準化活動 (統計学的な活動) の研究を開始しました．デミング賞[8]でお馴染みのデミング (W.E. Deming) は，シューハートの統計的品質管理を監修し，1939 年に出版しました．また，デミングは 1943 年にはアメリカで統計的品質管理の講義を全国的に行いました．第二次世界大戦後の 1948 年には，ISO (国際標準化機構)[9]によって統計的方法の標準化が行われました．これは今日も続いており，プロセス管理，抜き取り検査，精度管理，改善活動に関するシックスシグマ[10]，新製品開発が行われています．デミングは 1950 年に日本で講義をしており，これが日本における品質管理活動の大きな転機になりました．

1951 年には日本の中で，世界で初めて，計画 (Plan)，実施 (Do)，チェック (Check)，アクション (Action) のサイクルで問題解決をしなければならないという考え方である「PDCA サイクル」が生まれました．これは当時「Japanese PDCA サイクル」と呼ばれていました．そして日本の小中等統計教育レベルで改善活動が行

8) 日本科学技術連盟が運営するデミング委員会が選考している，経営学の賞です．

9) International Organization for Standardization のことです．頭文字をとったのではなく，ギリシャ語の isos (equal の意味) から取って ISO と呼ばれています．詳細は ISO のホームページの
https://www.iso.org/about-us.html#2012_aboutiso_iso_name-text-Anchor
を参照してください．

10) 品質管理や経営手法の 1 つにシックスシグマというものがあります．これは標準偏差を σ で書くことと，エラーの発生する確率が基準値 $\pm 6\sigma$ を外れた場合にエラーの発生する確率が極めて小さくなることから来ています．

われました．世界的にも統計的改善の標準化は展開され，例えば 1994 年には豊田英二氏が米国自動車殿堂入りを果たしましたが，これは統計的方法による継続的な改善活動が評価されたことを意味します．日本では 1953 年ぐらいから，統計的な方法の産業界利用のための標準化活動が始まりました．

これまでの統計学の歴史から分かるように，人類は統計学を「何かを管理および改善すること」に使用してきました．またピアソンの科学の文法をきっかけとして，統計学をどのように管理・改善のプロセスに用いるかを標準化するということが産業界において重要視されています．

6.2　統計のプロセスモデル

統計学自体だけでなく，統計学を用いた管理・改善の標準化 (プロセスモデル) が重要とされています．ピアソンの科学の文法では「現象の分析 → 法則形成 → 批判的検討 → 現象の分類」というプロセスが基盤にありますが，シューハートは「目的の規範行為 → 目的の達成行為 → 目的が達成したかを検証する行為」というプロセスを提唱し，これは PlanDoSee[11]と呼ばれました．その後，国際統計協会会長のナイアー (V. Nair) が 2015 年のリオデジャネイロ総会講演で,「統計学の最大の産業貢献は，デミングと石川による統計哲学にある」と評価しました．その統計哲学においては，統計的方法ではなくそのメタプロセスである PDCA サイクルと統計的改善の標準シナリオが提示されています．PDCA は CAPDo ともいわれます．CAPDo は Check (チェック)，Action (アクション)，

11）計画 (Plan)，実施 (Do)，検証 (See) を繋げてできた用語です．

Plan (計画)，Do (実施) の頭文字から作られた用語です[12]．

また，国際標準化に関してシックスシグマの中には DMAIC という経営変革手法があります．これは Define (定義)，Measure (測定)，Analysis (分析)，Improve (改善)，Control (管理) の頭文字から来ております．ほかにも新技術開発において，IDDOV という設計プロセスがあります．これは Identifying the opportunity, Define the requirements, Develop the concept, Optimize the design, Verify conformance の頭文字から来ています．意味は「機会を発見する，要求を明確化する，概念を発展させる，設計を最適化する，適合性を確認する」です．デザインフォーシックスシグマ (Design For Six Sigma，略して DFSS) という手法もあり，アメリカンサプライヤーインスティテュート (American Supplier Institute) の田口伸氏をリーダーとしてこれの国際標準化が進められています．

6.3　経営手法：CAPDo と PPDAC のデュアルサイクル

頭文字を並べたプロセスモデルがいくつか登場しましたが，産業界の統計的管理として，CAPDo と PPDAC のデュアルサイクルというものがあります．ここで，CAPDo と PPDAC のデュアルサイクルとは何かを順を追って説明します．CAPDo は先程説明した通り，Check (チェック)，Action (アクション)，Plan (計画)，Do (実施) のことを指しています．Check → Action → Plan → Do の順に進めた後でまた Check に戻り，Check → Action →

12） PDCA と CAPDo は，頭文字の順番から分かるように手順が異なります．最初に演繹的な数理モデル，オペレーションモデル，またはより一般化して管理のシステムなどを設計して，その利活用に向かい，事実との検証を行うという理論モデルの定式化 (Plan) から始めるのが PDCA です．一方，データに基づく現状を把握 (Check) する場合や異常検出 (Check) をトリガーとして解決を行う場合に使われるのが，CAPDo です．手順を繰り返すこと (サイクル) を考える際には PDCA と CAPDo は手順の最初を除けば同じものです．

Plan → Do の順に進めるというのを繰り返すことで CAPDo を循環させることができます．このように CAPDo をグルグル回す手法を CAPDo サイクルといいます．次に PPDAC について説明します．PPDAC とは Problem (問題)，Plan (計画)，Data (データ)，Analysis (分析)，Conclusion(結論) のことです．問題を解決するための手法として，問題 → 計画 → データ収集 → 分析 → 結論の順に問題解決をした後，最後の結論を考察することで新たな問題が見つかったらまた問題 → 計画 → データ収集 → 分析 → 結論の手順で問題を解決する方法をとることで，PPDAC が循環します．このように PPDAC をグルグル回す手法を PPDAC サイクルといいます．すなわち，CAPDo と PPDAC のデュアルサイクルとは，CAPDo サイクルと PPDAC サイクルを合体させた手法のことです．デュアルとは「二重」という意味です．CAPDo における Check から Action に行くときに PPDAC を経由します．このデュアルサイクルの手法のプロセスはどうなっているかというと,「あるべき姿と現実のずれからスタートして異常検知を行う」→「そこで異常があれば解くべき価値のある問題の発見と考える」→「情報収集」→「モデリング」→「問題を解く方針を決めて標準化し，解法として新しい計画に繋げる」→「日常的に管理して，その管理の中でアウトライアー (外れ値)[13]が生じたら解くべき問題と考える」→「問題解決のサイクルへ繋げる」というプロセスになっています (図 6.1).

今日，欧米の小中等数理科学における統計教育では PPDAC の教育が徹底されています．そのパイオニアとなったのは，日本で生まれた「問題解決のための品質管理手順，すなわち改善方法の標準シナリオ」です．ここで，CAPDo のサイクルと PPDAC のサイ

---

13) ほかの値から大きく外れた値のことを外れ値 (outlier) といいます．

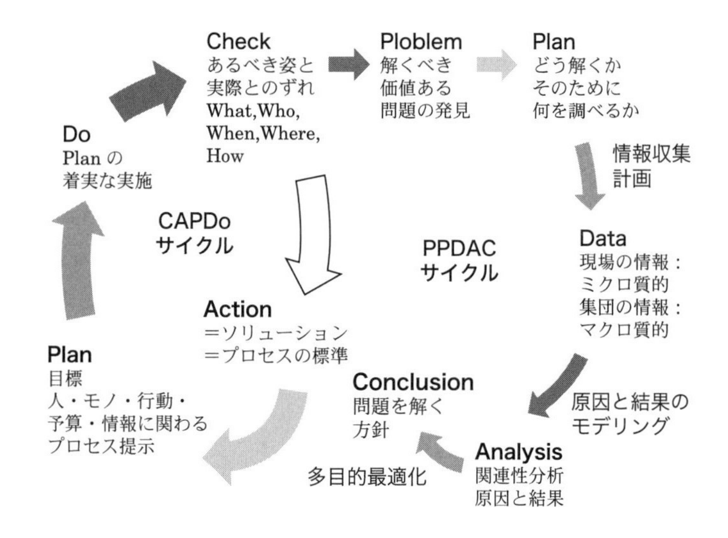

図 6.1 CAPDo のサイクルと PPDAC のサイクルのデュアルサイクルの流れ．(図版提供：椿広計氏．出典：[2] の p.5, 図 1 を改変．)

クルの 2 つを回すことが経営管理の改善において重要であるとともに，サイクルを回すためには数学が必要であるということを追記しておきます．

6.4 統計技術における 4 つの数理

統計数理研究所の椿広計氏が語っていた，統計技術における 4 つの数理[14]を紹介します．

- 予測と推論の数理
- 発見の数理
- 決定の数理
- 学習の数理

---

14) 数理とは，数学的側面という意味でしばしば用いられる用語です．

1つ目は「予測と推論の数理」です．先程紹介したサイクルの上で統計学を考えることが重要ですが，問題解決の際のモデリングで考えられているものが予測と推論の数理です．予測の際に AI，深層学習 (ディープラーニング) を用いる場合は，条件付き期待値関数の最良近似をする程度であり，これを超える予測はできません．これ以上のことを行うには予測と推論の精度を上げなければなりませんが，それはまるで錬金術です．予測と推論の数理においては，パラメトリックモデル[15)]のような単純なモデルは有効な推定量を与えるので，そのモデルの中で必要なパラメーターを与えてスパース化[16)]します．セミパラメトリックモデルやノンパラメトリックモデル[17)]という見えにくいモデルの場合は，予測最適化を交差検証 (Cross validation) のような経験主義的なものにすることで，さまざまなことがコンピューターでできるようにします．さらに，射影追跡回帰というモデルの場合はノンパラメトリックさを組み込むことで今日の深層学習のようなニューラルネットワーク[18)]を含む統計モデルになります．今日,「最適予測の原理」と「母集団を推測する」という統計学の大きな流れがあります．観測されていないもの，データ外のものを推測するのはもちろん困難なわけですが，欠損データに関しては統計学者ルービン (D.B. Rubin) の因果推論が知られており,「母集団を推測する」ためには，今の AI や機械学習によってどのように単純な予測に変換するかということが重要視さ

---

15)　パラメーター付きの簡単な式で記述できるモデルのことで，パラメーターを動かすだけでデータを近似するときに使われます．機械学習の用語です．

16)　スパース (sparse) とは「スカスカ」という意味です．詳しくは 139 ページを参照してください．

17)　ノンパラメトリックモデルとは，簡単な式で記述できないモデルのことです．パラメトリックとノンパラメトリックの中間的なモデルがセミパラメトリックモデルです．

18)　ヒトの脳の神経の数理モデル，およびそれと同様のモデルのことです．

れています．欠損のデータを復元するにはスパースモデリングが有効です．スパースモデリングについては後で説明します．

2 つ目は「発見の数理」です．何が異常であるかを発見することでデュアルサイクルの問題解決のきっかけとなるのが発見の数理です．AI による予測原理がちゃんとしていれば予測と現実のギャップを見つけることができますので，これは AI によって既に実現しているといえます．例えば，金融関係では異常を発見していつ店を閉めるかを見極めることは重要ですし，株価指数の異常がどこにあるかをリアルタイムで発見することも重要です．そのような異常は時系列データ[19]の解析の中で発見していきます．

3 つ目は「決定の数理」です．これはどのような基準に基づいて決定するかということに関する数理のことです．決定の方法は 2 種類あり，1 つは期待リスク最小化戦略 (ベイズ的意思決定) です．これは機械学習の中でも正則化技術[20]に密接に関連しています．もう 1 つの決定方法は，ミニマックス戦略 (ゲーム理論的方法) です．つまり，最悪の場合を想定して決定をするということです．ゲーム理論は経済のモデリングに関する数学の分野です．数学者ジョン・ナッシュ (J.F. Nash Jr.) が数学者で唯一ノーベル賞を受賞したことは有名ですが，その授賞理由がゲーム理論の経済学への応用に関する貢献です．ミニマックス戦略は，敵対的学習という形で既に使われています．ここで敵対的学習とは，ハッカーなどの敵がいる環境下での機械学習のことです．

4 つ目は「学習の数理」です．ここでいう学習とは機械学習のことを指しており，古典的な実験計画法を超えるものを学習の数理と

19) 時系列データとは，株価指数，生体情報，気象のような，時間の経過に伴って得られるデータのことです．

20) 正則化とは，過学習によって数理モデリングの精度が悪くなるのを防ぐために行われる操作のことです．機械学習における損失関数に補正を加えることです．

称しています．機械学習および実験計画法の活用，整備が産業界で重要視されています．実際，機械学習，実験計画法などの手法が発展すれば，我々の知りたいことを最適に抽出し，少ないデータで多くの情報を得るということが可能になります．日本の産業界でしばしば扱われたパラメトリックモデルに対する直交計画，カイ・タイ・ファン (Kai-Tai Fang) が提唱した一様計画，モンテカルロ探索などの実験計画法が農事試験や新医薬品許認可における臨床試験に使われていました．データから最適な情報を抽出する実験計画 (今日の強化学習) において，次元が小さくてモデルが単純な線型モデル程度の場合には，直交計画が情報抽出効率が最適な方法[21)]になります．一方，モデルが単に解析関数程度の制約になると，一様計画が効率の良い方法になります．さらに，モデルの次元が極めて高くなると，設計空間上の一様乱数を実験点とする計画 (モンテカルロ探索[22)]) が最適になります．今日では，実際に観測や実験で得られたデータの解析よりも，第一原理計算 (量子力学に基づく計算) による数値実験計画のほうが重要視されています．日本が作ったものとしては，実験計画法に関しては田口玄一氏のロバスト・パラメーター・デザイン (Robust Parameter Design) が有名です．これは誤差因子をモデルに盛り込んだ上での誤差因子と制御因子の直積実験による手法のことで，後に今日の敵対的学習に進化しました．ほかにも，品質を特性とした実験を否定して，単純な機能の改善実験の知識を複雑品質問題に適用するという手法もあります．これは今日の転移学習に進化しました．今日では，敵対的学習，実験計画法，田口氏のロバスト・パラメーター・デザインの進化系として，逐次実験による逆問題の予測や転移学習による化学物質の予測の手法などが，機械学習の中に埋め込まれつつあります．

21）D–Optimal (D 最適計画) などがあります．
22）モンテカルロ探索は，基本的には数値積分の最適化とほぼ同じです．

6.5　これからの統計学の歩み

統計学はピアソンの科学の文法から出発して発展してきましたので，統計学自体だけではなく，統計学や数学がどのように使われるかというプロセスにも重点が置かれています．今日まで CAPDo と PPDAC のデュアルサイクルのモデルが経営戦略として維持されてきましたが，科学の発展に伴い，CAPDo の Check の中で AI が使われるようになりました．今後は数値実験や因果モデルなどにおいても AI や機械学習が組み込まれていく可能性があります．また日常管理にもロボット工学が応用されていくことが期待されます．このように，AI，データ科学，統計数理学のような最先端の数学がデュアルサイクルを回すためにどんどん応用されていくということを我々は意識すべきなのです．一般には経営戦略と数学は全然結びつかないのですが，数学は経営手法であるデュアルサイクルの基盤になっているのです．

6.6　機械学習とは？

ここまでは統計学について見てきましたが，ここからは機械学習について見ていきましょう.「機械学習」という言葉自体に明確な 1 つの定義があるわけではありませんが，例えば「明示的にプログラミングすることなく，問題に合わせて選んだ手法とデータを与えることで，利用者が求める結果を得られるようにする技術」のことであると定義できます[23]．

従来のプログラミングは，入力に対してコンピューターが処理できるようにプログラマーが仕様に基づいて処理するという，演繹的プログラミングといえます．一方，機械学習は帰納的プログラミン

23）これは株式会社 HACARUS の木虎直樹氏による定義です．

グです．すなわち，データサイエンティスト[24)]が選択したアルゴリズムや与えられたデータに基づいて，コンピューターが出力ルールを見出すプログラミングです．これは，問題に合わせて選択したアルゴリズムにデータを与えて構築するというプログラミングともいえます．コンピューター側が出力のルールを見出す様は，機械が学習して活動していると思えるわけです．

機械学習は大きく分けると，学習フェーズと推論フェーズの 2 つに分かれています．学習フェーズでは，入力されたデータの特徴と人によってつけられた正解ラベルを学習することでモデルを構築します．推論フェーズでは，学習フェーズと同じ方法でデータから特徴を抽出して，先程構築したモデルに当てはめて推論結果を得ます．学習に用いるデータが多ければ多いほど機械学習によって得られる数理モデルの精度は高くなり，逆にデータが少なければ精度の良いモデルは得られません．

例えば平面に点がばら撒かれているデータを考えますと，点の個数 (データ量) が多ければ多いほど，点たちを近似する直線を容易に描くことができます．データ量が少ないと，少ない点たちを近似する直線を引くことは難しく，グニャグニャ曲がった曲線しか引けません．この曲線は与えられたデータには当てはまっているのですが，その他のデータに対しては当てはまりが良くないので，この曲線はデータの特徴を反映しているとは言い切れません．つまり，過学習や過適合となっている場合が多いということです．

このような状況を鑑みたときに指針となるのが「オッカムの剃刀」です．オッカムの剃刀とは,「ある事柄を説明するとき，必要以上に多くのものを仮定すべきではない」という考え方のことです．14 世紀の哲学者・神学者のオッカム (William of Ockham) が多用

24)　データ科学の専門家のことをデータサイエンティストと呼びます．

したことで有名になったといわれています.

6.7 スパースモデリング

さっき述べたオッカムの剃刀の指針に基づいた方法論が「スパースモデリング」です. スパース (sparse) とは「散在している」「てんでばらばら」「スカスカ」という意味です. 簡単に述べますとスパースモデリングとは, “予測最適化の観点からは物事に含まれる本質的な情報はごくわずかでスカスカである” と仮定し, 数理モデルを作ることです[25]. スパースモデリングの際には,「観測値に影響する要因はシンプルに説明できる」いう仮定がおかれています. これは機械学習の用語で言い換えると,「推論結果のラベルに大きく影響する特徴量は少ない」という仮定がおかれているということです. データがたくさんあったとしても, オッカムの剃刀によって不要なデータを削ぎ落し, 残ったデータから本質的なものを抽出する方法がスパースモデリングなのです.

スパースモデリングの理論は数学に基づいたものです. 簡単に説明するために, 連立方程式を解くことを想定しましょう. 100 個の未知数を含む 10000 個の 1 次連立方程式があったとします. 未知数が 100 個のとき, 10000 個の方程式の中から適切に 100 個取り出せば未知数を求めることができます. 本質的な 100 個の方程式さえ取り出すことができれば, 残りの 9900 個の方程式は不要なので削ぎ落とすことができます. 10000 個の方程式の中では 100 個の方程式は全体の 1%しかなく, スパースな状態, つまりスカスカな状態であるといえます. 何かを復元する際に必要なデータは少な

25) 話が難しくなるので詳細は省きますが, 実は LASSO の場合では「物事に含まれる本質的な情報はごくわずか」とは考えていません. LASSO とは Least Absolute Shrinkage and Selection Operator, 最小絶対収縮と選択演算子) のことで, L1 正則化 (過学習による精度のズレを防ぐ操作の一種) です.

いほうが効率が良いのですが，データを削ぎ落としても復元の精度は十分に担保されているというのが，スパースモデリングの強みです．実際に欠損データから復元するためにスパースモデリングを行う際には，欠損データから導出したものが良いものであるということを保証するために，数学だけではなくある程度のドメイン知識[26]を必要とします．また，欠損データの欠損の仕方がどうなっているかを調べるには，どこが欠損したのかを知る必要があります．しかしながら，欠損しているものは目に見えません．したがって，欠損度合の評価にもドメイン知識を必要とします．

スパースという仮定は数式で表すことができます．スパースモデリングは数式で説明できるものですので，数学が身についていないとスパースモデリングの理論を使いこなすこともできませんし，関連するプログラミングの実装もできません．実際，スパースモデリングの論文では数式を使って記述されています．スパースモデリングのためには，数学に関する理解力が必須なのです．

6.8　スパースモデリングの応用

ここでは，株式会社 HACARUS の木虎直樹氏が語っていたスパースモデリングの応用例を見ていきましょう．HACARUS は「ハカルス」と読みます．HACARUS はスタートアップ企業で，はじめはスマートキッチンメーターを作っていて，栄養素の摂取量を「計る」というところから HACARUS という社名になりました．現在では医療，製造業を中心とした産業向けに AI 関連のサービスを提供している企業です．

ではスパースモデリングの応用例を見ていきましょう．例えば以下の 4 つが挙げられます．

26）ドメイン知識とは，ある分野に特化した専門的な知識のことです．

- ブラックホール撮像
- マテリアルズインフォマティクス
- 時系列データ
- 画像

1つ目のブラックホール撮像[27)]は2019年4月に話題になりました．地球上の6か所にある8つの電波望遠鏡を用いて，ブラックホールシャドウ[28)]を観るという試みです．電波望遠鏡のデータだけでは観測量が十分ではないので，ブラックホールシャドウを復元するための方程式を解くのが困難でした．また，無理やり画像を復元しても，データが足りないため不自然な画像しか得られませんでした．しかしスパースモデリングを応用することで，本質的なデータを特定して撮像することができました．

2つ目はマテリアルズインフォマティクス (materials informatics) です．マテリアルズインフォマティクスでは，さまざまな材料を混ぜて所望の特性をもつ素材を開発することを目指します．さまざまな材料を混ぜ合わせて目的の特性を持った素材を開発するときに，通常の実験では膨大なコストや時間がかかります．ここで，スマートフォンやノートパソコンなどの電子機器に用いられるリチウムイオン二次電池[29)]の負極の有機材料の開発について考えます．膨大な材料の候補から，まず研究者のドメイン知識を使って16個の重要な材料に絞り込みます．それから,「電池の負極となりうる有機材料の観測において負極の容量を決定づけるために重要な要因は少数である」と仮定してスパースモデリングを適用します．すると，負極の容量を予測するための因子を抽出することができます．膨大な材料のデータから候補を絞って実地作業を効率化するという

27） 撮像は撮影と同じ意味です．天体を撮影するときに使われます．
28） ブラックホールを撮影した際に見られる写真中央部の影のことです．
29） 二次電池とは，充電することで何度も使用可能な電池のことです．

ところにスパースモデリングが使用されました.

3つ目は時系列データへの応用です. 時系列データとは, 株価指数, 生体情報, 気象のような, 時間の経過に伴って得られるデータのことです. 時間の経過とともに長期的な変動をするものをトレンドと呼びます. 時系列データのトレンドを推定することは時系列データの1つの分析方法です. ここでは生体情報[30]について考えてみます. ウェアラブルデバイスから生体情報を取得する場合は, ウェアラブルデバイスと肌の間に隙間ができることで, データに欠損が生じることがあります. 欠損が生じたデータはスパースなデータです. 通常ならスパースなデータからトレンドを計算するのは困難ですが, スパースモデリングを適用することによって, トレンドの推定が可能となりました. 実際, もとのデータが80%欠損していてもトレンドが復元できる場合もあります.

欠損が均一に起きていればトレンドの復元はうまくいきますが,

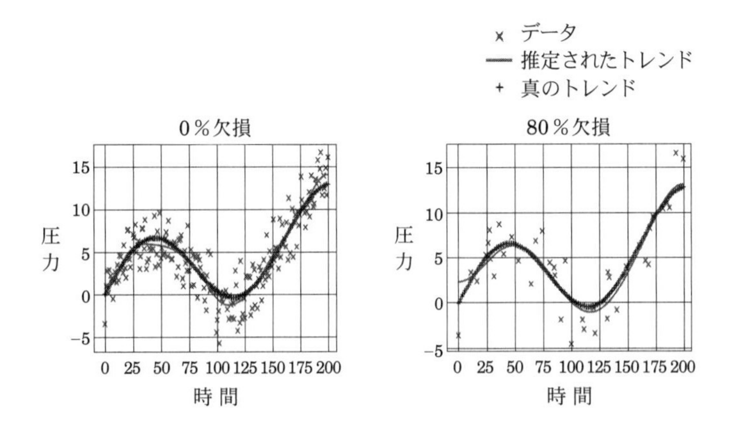

図 6.2　欠損データからトレンドが復元できることを表す図. (図版提供：木虎直樹氏.)

30) 脈拍, 心拍, 体温などの情報のことで, バイタルデータともいいます.

この図の場合は都合が良すぎると思うかもしれません．しかし，欠損が偏っている場合も復元は可能です．それは欠損がルービンの定義する「ランダムな欠測 (missing at random，略して MAR)」という状況のときです．ここで「ランダムな欠測」について，詳細は [1] に譲るとして，簡単に述べます．ルービンの定義によれば欠損の度合は「完全にランダムな欠測 (missing completely at random, 略して MCAR)」,「ランダムな欠測 (missing at random，略して MAR)」,「ランダムではない欠測 (missing not at random，略して MNAR)」の 3 種類に分かれています．これらのうち 2 番目にあたるものが上述で述べた復元可能な状況のことです．字面通りにとらえれば分かるように，1 番目は欠損の度合が完全にランダムであるという意味であり，3 番目は欠損の度合がランダムではないという意味です．2 番目は，1 番目と 3 番目の中間状態のような欠損の度合のことであり,「欠損の度合は欠損要因を統制することができればランダムである」という意味です．例えば，欠損は機械学習の入力変数には依存するが出力変数には依存しないという場合ですと,「ランダムな欠測」の状況であるのでスパースモデリングが機能し，トレンドの復元はうまくいきます．

4 つ目は画像への応用です．画像のデータに欠損が生じてもスパースモデリングで復元することができます．50%欠損していても人が見て分かる程度に復元可能です．欠損せず残った画像のデータから重要な構成要素を求めるという思想はまさにスパースモデリングの活躍できる設定であり,「欠損せずに残ったデータからも画像を構成する重要な要素は抽出可能」という仮定のもとで，スパースモデリングが適用されます．画像をいくつかの小片 (パッチ) に切り分けて，小片を構成する画像要素を学習によって得るという手法を使っています．なおスパースモデリングの際には，ある小片を構成するのは少数の重要な画像要素であるという仮定をおいています．

医療の方面でも，医療データの画像の高解像度化に応用するという試みがあります．画像の高解像度化の技術は超解像と呼ばれ，ここにスパースモデリングを適用することが可能です．MRI の撮像時間の短縮への応用が期待されています．

6.9　統計学，スパースモデリングのための人材育成

統計学や機械学習を用いる産業界では，数学の能力が高い人材が必要とされています．そのような人材を育成するためには，数学がないと将来困るということを，教育の現場で教えていく必要があります．問題を解く楽しさや定理・公式の美しさを追究するということももちろん数学においては重要ですが，数学の理論を直接使わない状況であっても数学の機能が役に立つということも重要です．数学における機能が今日の社会でどのように役に立っているのかを教えることが，教育の現場では求められています．数学がどのように役立っているのかを知るということは，与えられた入試問題を解く技術を磨くこととはまた違った学びなのです．この意味では，文系の学生にとっても数学が不可欠です．例えば，高校の「数学 A」で条件付き確率を扱いますが，条件付き期待値，場合によってはベイズの定理まで教えることもあります．条件付き確率程度の内容が理解できれば，そこからベイズ統計学，機械学習と学習段階を移行していくことは容易です．問題解決の PDCA サイクルという考え方も，サイクルを回すためには数学が必要ですので，数式として表現されていないところにも数学の機能が実は使われています．「数学は単に受験のために大事な科目であるのではなく，社会の役に立つものである」ということを我々は気に留めておかなければなりません．数学は社会を生き抜くための力なのです．

数学の力を持った人材が産業界で必要とされていますが，そのためにはデータ科学，数理統計学をエキスパートレベルまで教育でき

るような教員が大学に必要とされています．人材を育成するためには，人材を育成するための教員の育成もまた必要です．現状ではこのような教員の数が日本ではずっと少ない状況にあります．アメリカでは博士号を取得した統計学者が今後 10 年間，毎年 100 人ずつ大学に配置され，これは後に 1000 人に増えるだろうというのがアメリカ政府の推計です[31)]．アメリカではもともと統計学者が各大学に配置されている中で各大学に統計学専攻が配置されています．日本も人口比から考えると，年間 50 名ほど数理統計学ができる教員が学内に配置されるべきですが，そのようになっていないのが現状です．日本ではほぼゼロからの出発になっている大学が多く，実現は難しい状況にあります．今般の政府予算に文部科学省は，数理統計で修士くらいまでを担当できる統計エキスパート人材を今後 5 年間で 30 名程度育成すること挙げています．5 年で 30 名というのはもちろん日本の状況では難しいです．2021 年度から 5 年間 30 名以上の大学教員，しかもそれは経済学，医学，工学の分野で博士号を取っている研究者の方々を，少なくとも数理統計的な共同研究ができる人材にしようということが検討されています．数学と経済学，医学，工学の連携は産学連携，学際連携において課題となっていますが，人材教育においてもまた課題となっています．

6.10　最後に

この章では，これまでの統計学の歴史とこれからの統計学の歩みを見ました.「CAPDo サイクルと PPDAC サイクルのデュアルサイクル」を回すことが，経営戦略，品質管理，問題解決を行う上で有効な手法であり，このサイクルを回すためには最先端の数学，データ科学，AI の技術が今後必要になってきます．また，スカス

31）アメリカ労働統計局で推計が行われています．

カのデータであるスパースデータからもとのモデルを復元する「スパースモデリング」の技術はグラフや画像の復元に応用されますが，そのスパースモデリングの基盤には数学があります．現在，産業界で活躍するためには最先端の数学を使いこなすスキルが不可欠であり，産業界は数学のスキルが高い人材を必要としているのです．

◎講演情報

本章は 2021 年 2 月 10 日に開催された連続セミナー「統計とスパースデータと AI」における講演：

- 椿 広計氏 (統計数理研究所)「統計数理科学産業応用の類型と近年の動向」
- 木虎直樹氏 (株式会社 HACARUS)「スパースデータに対する AI 構築アプローチ」

に基づいてまとめられました．

◎参考文献

[1] 村上 航,『欠損データ分析 (missing data analysis)――完全情報最尤推定法と多重代入法』,
https://koumurayama.com/koujapanese/missing_data.pdf
[2] 椿 広計,「小学校・中学校における算数・数学教育の中に如何にして統計的考え方を導入すべきか？」,『統計数理』第 66 巻，第 1 号，特集「統計教育の新展開」，3–14 (2018).

第7章 科学・工学・医学における数学

計算や論理的思考を伴う科学という学問においては，数学はどの分野においても基礎とされます．ですが，現代数学は純粋数学として独自に発展を遂げた部分があり，工学・医学などのほかの科学分野への応用が十分でない面もあります．我々の実生活に直接関係のある工学・医学の発展において数学は必ず欠かせませんので，今後もより一層数学がほかの分野と関わる必要があります．この章では，医療現場や結晶の構造の研究に数学が応用される例を見ながら，数学とほかの分野の間の連携をはかる上で何が必要であるか見ていきましょう．

7.1　数学という学問の性質

数学という学問がもつ著しい性質は3つあります．それは普遍性，客観性，恒久性です[1]．

普遍性とはさまざまな対象に共通している性質のことです．例えば，三角形の面積は (底辺)×(高さ)×1/2 ですが，このことは特定の三角形ではなくすべての三角形に対して適用可能です．ピタゴラスの定理もすべての直角三角形に対して成り立ちます．

1)　このことは，例えばラングランズ・プログラムに関するフレンケルの一般向け著書 [1] にも書かれてあり，そこでは恒久性は耐久性と呼ばれています．

客観性とは，誰が見ても意味が同じであるという意味です．見る人によって意味が異なる定理はありません．誰が見ても定理はその定理以上でも以下でもないのです．

恒久性とは，時間が経っても結果の正しさは変わらないということです．数学の定理や公式は一度正しいことが証明されたら，その後誰かに塗り替えられることなく，ずっと正しいのです．後になって間違いが見つかる場合があっても，それは途中で正しさが変化したのではなく，もともと正しくなかっただけのことです．

医学，工学などの別の分野へ数学を応用する際には，単なる数学の概念，公式を用いるのではなく，普遍性，客観性，恒久性に基づく数学的な考え方が応用されるのです．この意味で数学は学ぶ価値のある学問であり，学生が卒業後に直接数学を用いることがない職業に就いたとしても，数学を学んだことは必ず職場で活かされます．数学は入試を突破するときに使うとか，買い物のときにお金の計算で使うといったレベルではなく，産業社会において多様な場面で活かすことのできる学問なのです．大学で数学の講義を受講する際にも，数学の概念や公式を理解し当てはめるだけではなく，数学的な考え方・スキルを身につけるよう取り組んでいれば，必ず社会で数学を活かせるようになります．

ここからは，医学や工学への数学の応用例を見ていきましょう．

7.2　数学の医学への応用

「数学は医療現場で役に立てるだろうか？」この言葉に対する答えはもちろんイエスです．例をあげて述べていきます．

いま，コンピューターの発達に伴って医療現場で得られるデータは急速に増えてきていますが，処理するためのアルゴリズムの発達がそれに追いついているとは言えません．それゆえに現場の医師には大きな負担がかかってしまっています．医療費が増大していることも含め，医療現場における問題は枚挙に暇がありません．このような現状を改善するために，数学は役に立つことができます．

数学を用いて何ができるかというと，数式でさまざまなことを表現できる数学の特質を活かすことで現場の知識を体系化することができます．また，数学には表現方法がいろいろと用意されており，それらを用いることで，新しい視点や判断材料を医療現場に導入することが可能となります．これらのことは医療にとって，患者目線，医師目線の両方からさまざまな恩恵をもたらします．

◎7.2.1　数学と医学の仲介役

東北大学の水藤寛氏の研究を眺めることで，数学を医療現場へ応用する例をみていきましょう．さて，医療現場に数学の方法論を適用するにあたっては，数学者が医学者と意思疎通をする必要があります．しかしお互いのバックグラウンドが違うため，数学者と医学者が議論をするのは容易ではありません．この困難を解消する仕組みのひとつとして，水藤氏の研究チームでは，放射線科医が仲介者としての役割を果たしています．病院の放射線科ではCT[2]やMRI[3]によって得られる3Dのデータが扱われています．このようなデータの解析にはフーリエ解析という数学の道具がよく使われていますので，そのような点からも放射線科医は数学者とその他の臨床科の医師との仲介役を担いやすい立場にあると言えます．

ここで，フーリエ解析とは何なのかと気になった方のために簡単に説明しておきます．実数全体の集合上の関数 $f(x)$ に対して新たな関数 $\hat{f}(\xi)$ を

2） Computed Tomography の略で，コンピューター断層撮影法ともいいます．

3） Magnetic Resonance Imaging の略で，磁気共鳴画像法ともいいます．

$$\hat{f}(\xi) = \int_{-\infty}^{\infty} f(x) e^{-ix\xi} dx$$

で導入することができます．$f(x)$ から $\hat{f}(\xi)$ に移す変換のことをフーリエ変換といいます．フーリエ変換は「すべての周期 2π の関数を三角関数の無限和で展開する」という理論をもとに生まれた概念です．この変換を扱った一般的な理論はフーリエ解析と呼ばれています．著しい性質として，フーリエ変換は逆変換を持ちます．つまり，フーリエ変換によって，x を変数とする関数の世界と ξ を変数とする関数の世界の間を行き来することができます．フーリエ変換の理論は x と ξ が n 次元の変数であっても成り立ちます．

◎7.2.2　数学の応用：血流疾患

高齢者に多くみられる大動脈瘤，大動脈解離といった血管系の疾患がどのような患者さんに発生するのか，また血管のどこに発生するかという問題は重要です．この問題に対しては多数の患者のデータから一般的な特徴を抽出するという数学的アプローチにより，予後予測につなげることができます．

また，水藤氏のグループで 2021 年現在も進行中のテーマに，人工透析の際に前腕部に造設する動静脈シャント[4)]における血流に関する研究があります．シャントは腕の動脈から静脈に短絡路をつくり，そこから透析の装置に血液を導くという仕組みですが，シャント部分の形状や血流の様相によっては，吻合部に血管変性が起き，閉塞に至る場合があります．そのときどのような血流が起きているのか，吻合部の形状との関係はどうなのか，を調べることにより，治療成績の改善につなげることができます．

4）動脈と静脈を別のルートで繋いだ部分のことです．英語で shunt です．

◎7.2.3 数学の応用：気管支構造

気管支構造の解析にも数学は応用されます．CT の解像度以下の細い気管支は画像に写らないため，気管支の走向や形状を自動的に把握するのにはさまざまな困難があります．この問題を解決するため，同じ患者さんの異なる病期の気管支に対するマッピングを自動的に構築する手法を開発しています[5]．

マッピングが構成できれば，気管支の枝の断面積などの幾何的情報を，異なる病期間で比較することが可能になります．これは結果的に診療負担軽減に繋がります．

◎7.2.4 数学者と臨床医学の連携

数学と医学では用語も習慣も違うために，その連携にはさまざまな困難がありますが，適切な通訳者の存在によって連携が可能となります．また，医療においては患者さんたちそれぞれが異なる特質を持っていますが，医師がそのような対象から普遍的で重要な情報を取り出そうとする行為は，自然科学の現象から普遍的な情報を取り出し抽象化しようとする数学者ととても近しいものがあります．臨床現場では何を知りたいかということ (臨床的疑問，clinical question) を常に大事にしながら数学者が医師と連携をはかることが，今後の数学の発展にも医療現場の改善にも不可欠なのです．

7.3 数学の工学への応用

これまでは数学の医学への応用を見てきましたが，数学の工学への応用にまつわる事例を紹介します．ここでは東京大学の中川淳一氏の研究を見ていきましょう．数学の異分野交流によって

- 電気炉における温度分布の外挿決定問題

---

5) 数学では写像を英語で mapping といいます．

- 逆問題 AI の技術 (構造材料の最適設定)
- 鉄道の状態監視技術の高度化
- 疵[6)]の予兆検出技術

などの応用が得られます.

1 つ目は電気炉における温度分布の外挿決定問題です. 温度計で観測できるデータから温度測定が困難な稼働面 (溶鋼) の温度を決定するというものです. 放物型偏微分方程式の理論を使うことで解析され, 製鉄所で実用化されました.

2 つ目は逆問題 AI の技術です. 一般にミクロな系の構造 (原因系) があると, マクロな系の構造 (結果系) が生じるというモデルを考えます. このモデルのマクロな系をもとにミクロな系を解析するという逆問題を数学的に扱う技術を開発することで, 因果関係を数式化できます. これは鉄鋼材料の最適設計に応用されます.

3 つ目は鉄道車両の状態監視技術の高度化です. ヨーイング運動に代表されるモノリンク力[7)]を計測することで, 鉄道車両の運動の数理モデルを作ることによって, 計測困難な量を導出することができます. このことは車両異常を検知し脱線等の事故を防ぐ予測システムの確立を目的として研究されました.

4 つ目は軸受疵[8)]の予兆検出技術です. 疵を生みだす固有振動数の検出および予兆検出を, 固有値解析によって可能にします. これにより, 目に見えない疵を検出することができます.

工学は医学よりも数学に近いということもあり, 上記のような数学の応用例はほかにも多くの事例があります.

---

6)　疵は「きず」と読みます.

7)　車両の台車, 輪軸のヨーイング量 (上下を軸にする回転運動量) の差によって生じる走行方向の応力.

8)　じくうけきず, と読みます. 軸受(じくうけ)はベアリングのことです.

7.4　教育のための研究：物質・材料における未解決問題

5つ目の工学への応用例として，結晶構造に関する研究について述べます．前の章で述べた4つの研究とは異なり，この研究はスタディグループワークショップ (Study Group Workshop, 略してSGW) という人材教育の活動の中で生じました．

産業界で数学は不可欠ですので，数学を活用できる人材の教育の一環として，スタディグループワークショップという活動があります．これは九州大学マス・フォア・インダストリ研究所，九州大学大学院理学研究院，九州大学大学院数理学府，東京大学大学院数理科学研究科が例年夏に主催している，短期集中課題解決型研究集会です．2010年度から継続的に開催されています．数学は学問の性質上，問題を短期間で解決まで持っていくのは至難の技です．しかし，この活動がきっかけとなって具体的解決に結びついた問題も数多くあります．

それでは，スタディグループワークショップをきっかけにして物質・材料の未解決問題が解けた話を見ていきます．一般に，物質を構成する結晶の構造により，その物質の性質は決まります．ですから，強度や塑性などが未知の材料を知りたいときには，結晶の構造が分かればいいのです．原子配置とそれに対応する物質構造や物性[9)]の一般的記述を目指すことは，未知物質の構造と物性の関係を解析することに繋がります．

結晶は多面体のような対称的な形をしているので，幾何学が使えそうですし，結晶の対称性に対応して格子[10)]が定まるので，代数学が使えそうです．数学の世界には対称性を記述する群という概念がありますが，結晶の対称性は結晶群という概念によって既に分類さ

9）物理的性質のことです．

10）1次元の格子は等間隔に並ぶ点たちのこと．2次元だと碁盤の目のような網目上の点たちのこと．

れています．また，格子欠損の幾何学的表現方法も知られています．

実際に数学がどう応用されたかといいますと，代数的，幾何的な側面の研究として，結晶格子の表現方法に関する取り組みがなされました．結晶を点と辺の集まり，すなわちグラフと思うことにします．すると，基準点を1つ決めて，その点から n 本の辺を辿ることで到達できる頂点の個数 $g(n)$ を考えることができます．これは「配位数列」(coordination sequence) という量として，この研究の中で定義されました．そして，$g(n)$ は準多項式 (quasi–polynomial) になることが予想されました．ここで準多項式とは，多項式の係数を周期関数に置き換えたものであり，多項式を拡張した概念です．配位数列は，材料科学で配位数と呼ばれている概念を数学的に抽象化したものですから，配位数列によって材料科学の問題が数学の問題に書き換えられたことになります．後年，配位数列が準多項式になるという予想は数学的に証明され，長年にわたる結晶学の未解決問題が解決されました．この研究は結晶学の専門家たちから高い評価を受けました．

配位数列の数学的扱いおよび証明の詳細に関しては，出版された論文 [3] をご覧ください．この論文は一般の読者向けではありませんが，他分野との連携を志向する若手数学者の1つの手本になると思います．

これまでの数学の理論を適用するだけでなく，産業界の問題をきっかけとして「新しい数学の理論が必要となったので作ってみた」ということが起きれば，数学と工学，医学分野などの異分野との間の学際連携がより一層活発になります．現代社会において，学際連携は産業と数学の相互発展のために必要不可欠なのです．そのためには数学者側も産業界で必要とされているものが何なのかに目を向ける必要があります．これは医療現場への応用の際に臨床的疑問 (clinical question) を意識するのと同様です．今後もスタディグ

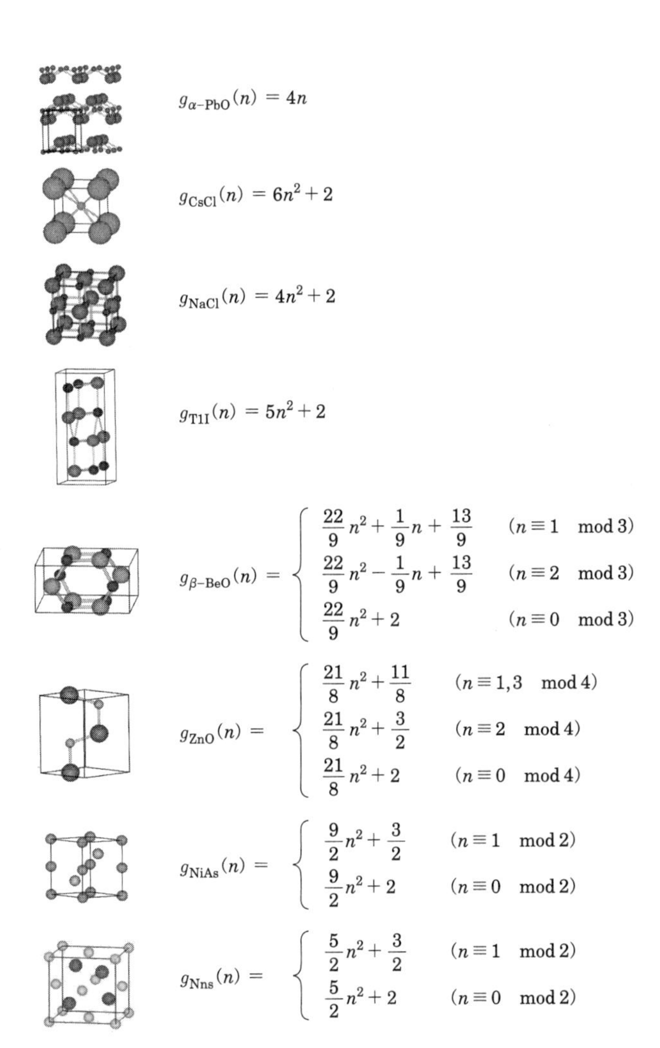

図 7.1 結晶の配位数列の具体例. (図版提供：中川淳一氏.)

ループワークショップのような活動の中で，産業界で数学を武器として活躍する人材がどんどん育成されていくことが期待されています．

7.5　最後に

数学を活用することで，特定の現象を観察し普遍的な性質を抽出することができますので，さまざまな現象を客観的に捉えることが可能となります．特定の現象やデータを扱う際にこの普遍性を意識することで，普遍的な理論の構築に役立ちます．この普遍性は産業へ応用する際に非常に重要なのです．産業の応用のために数学を利用する活動は，中川氏によって数学イノベーション (数学革新) と呼ばれています[11)]．これまでに見てきた医学，工学，結晶学の研究はまさに数学イノベーションの成功例です．数学の概念や公式を直接用いる応用のみならず，数学的な考え方が社会に応用されるという事実が，産業社会に数学が必要であることを物語っています．今後も医学や工学，そして産業界全体に数学が浸透していくことが期待されています．

◎講演情報

本章は 2021 年 2 月 24 日に開催された連続セミナー「科学・工学・医学における数理」における講演：

- 水藤 寛氏 (東北大学)「臨床医学と数理科学の協働」
- 中川淳一氏 (東京大学)「東京大学大学院数理科学研究科/日本製鉄社会連携講座『データサイエンスにおける数学イノベーション』が目指すもの」

に基づいてまとめられました．

11）数学イノベーションに関する文献としては，2021 年 12 月に発刊された [2] をご覧ください．2022 年 4 月以降はオープンアクセスになります．

◎参考文献

[1] エドワード・フレンケル著，青木薫訳,『数学の大統一に挑む』，文藝春秋，2015.

[2] 中川淳一,「東京大学大学院数理科学研究科社会連携講座『データサイエンスにおける数学イノベーション』が目指すもの」,『応用数理』, 第 31 巻 4 号 (2021), 176–179.

[3] Y. Nakamura, R. Sakamoto, T. Mase, J. Nakagawa, *Coordination sequences of crystals are of quasi–polynomial type*, Acta Cryst. (2021) A77, 138–148.

第8章 トポロジカルデータ解析

トポロジカルデータ解析 (Topological Data Analysis, 略して TDA) とは，数学におけるトポロジーと呼ばれる道具を用いて種々のデータを解析するという，近年になって生まれた分野です．このトポロジカルデータ解析は材料科学，脳科学，生命科学，情報通信，ビッグデータ解析など多種多様な異分野への応用が知られています．この章では，最近になって生まれた数学の道具「パーシステントホモロジー」の概念，およびその異分野への応用に焦点を当ててみましょう．

8.1 ホモロジー

未知のモノの性質を知りたいとき，何らかのデータを抽出し，図に表してデータの性質を調べることがあります．これは統計学などのデータ科学で行われることですが，データの図の上で点たちがどのように配置されているかという幾何学的性質に着目し，データを図形とみなして記述する数学の分野があります．それはパーシステントホモロジーと呼ばれ，データ解析の新しい手法として今日活用されています．パーシステントホモロジーは数学の中でもトポロジーという分野に属する概念です．ここでトポロジーとは何だったかというと，連続的に変形してできる図形たちを同じとみなすことで幾何学的対象を研究する幾何学の一分野のことです．図形に備わっている位相空間[1]としての構造のことをトポロジーと呼ぶことから，この分野のことをトポロジーと呼びます．日本語では位相幾何学と呼ばれます．題名にもあるトポロジカルデータ解析とは，トポロジカルに，つまりトポロジーを使ってデータを解析するということです．データを図形とみなすアイディアはパーシステントホモロジーの創始者の一人である数学者グンナー・カールソン (Gunnar Carlsson) の "Data has shape, shape has meaning, meaning drives value" というスローガン[2]が根本にあります．

まず，トポロジーの根底にある考え方を見ていきましょう．トポロジーはここ最近，およそ 100〜200 年ほどの間に発展した比較的新しい数学の概念です．例えば三角形が 2 つあったとします．回転させたり裏返したりして重ねるとピッタリ重なるときに，この 2 つの三角形は合同であるといいます．また大きさが違っていても，拡大・縮小することで合同になるような場合には相似であるといいます．合同や相似は中学・高校の数学で扱う概念であり，多くの方が容易に想像できると思います．トポロジーでは，合同や相似とは異なる「同相」と呼ばれる緩い同一視の概念があります．例えば同相という観点では，三角形と円は同じです．実際，三角形の周囲がゴムヒモでできているとしたら，グニャグニャ変形させれば円の形にできます．結果として，グニャグニャさせれば 2 つは重なりますから，この 2 つの図形は同相なのです．ほかの例としては，コーヒーカップとドーナツも同相です．コーヒーカップがゴムのような伸び縮みできる素材でできていたとしたら，グニャグニャ変形させれば

---

1) 位相空間とは，点同士に近さの概念が定まっている集合のことです．例えば距離空間 (2 点間の距離が定まっている集合) は位相空間です．

2) 日本語に訳すと「データには形があり，形は意味を持ち，意味は価値をもたらす」です．

ドーナツ型に変形できます．同相でない例として，球面とドーナツ面[3]を考えてみましょう．これらは空洞が 1 つありますが，ドーナツ面のほうは真ん中に穴があります．このことから，球面とドーナツ面は同相ではない図形です．ここで注意として，グニャグニャ変形させるときに，穴を開けたり潰したりしてはいけません．したがって，同相な 2 つの図形の間で穴の数は不変です．これは，合同な 2 つの三角形は面積や体積が同じであることや，相似な 2 つの三角形は対応する内角が同じであることに相当します．

図 8.1　ドーナツとコーヒーカップは同相です．

このグニャグニャさせる操作はこのままでは感覚的な操作で曖昧です．それゆえに理論的に統一して扱うのが難しいです．ここでホモロジーという概念がとても役に立ちます．ホモロジーとは，X という図形に対して，$H_n(X)$ という記号で表される群のことであり，ホモロジー群とも呼ばれます．添え字の n は $0, 1, 2, 3, 4, \ldots$ なら何でも構いません．また群とは，代数学における概念です．簡単に説明すると，足し算と引き算が定義できる集合のことです．例えば整数全体の集合 $\mathbb{Z}$ は，足し算と引き算が可能なので群です．一

3）ドーナツ面はドーナツの中身が浮き輪のように空洞になっているもののことです．

般に，2 つの図形 X と Y が同相ならば，すべての非負整数 $n = 0, 1, 2, \ldots$ に対して $H_n(X)$ と $H_n(Y)$ は群として同じ (同型) であるという定理があります．この定理の対偶をとれば，$H_n(X)$ と $H_n(Y)$ が同型でないような非負整数 n を見つければ，X と Y は同相ではないということです．この事実により，ホモロジー群を計算することで 2 つの図形が同相でないことを判定できるのです．

例として X は球面，Y はドーナツ面であるとしましょう．詳細は割愛しますが，このとき，

$$H_n(X) = \begin{cases} \mathbb{Z} & (n = 0, 2) \\ 0 & (n = 1,\ n \geq 3) \end{cases}$$

$$H_n(Y) = \begin{cases} \mathbb{Z} & (n = 0, 2) \\ \mathbb{Z} \times \mathbb{Z} & (n = 1) \\ 0 & (n \geq 3) \end{cases}$$

となるので，$n = 1$ のときに $H_n(X)$ と $H_n(Y)$ は群として異なります．したがって，球面とドーナツ面は同相ではないことが，グニャグニャ変形させなくても厳密に証明できるのです．同相であることを証明するには変形方法を 1 つでも見つければよいのですが，同相でないことを証明するには，無数に存在するすべてのグニャグニャの変形を考えなければならないので，しらみつぶしに変形していくといつまで経っても終わりません．「○○が同相でないことを示せ」という類の問題は扱いづらく難しいのです．このような扱いづらい問題に対してはホモロジーが有効です．グニャグニャと連続的に変形するという曖昧な操作をかっちりした代数的な計算に置き換えることによって，問題を計算しやすく扱いやすい対象に移行させることができます．

8.2　パーシステントホモロジー

さて，話をトポロジカルデータ解析に戻しましょう．調べたいと思えるような何かしらのデータがあったとします．例えば株価の変動のような時系列データ，ヘモグロビンの原子の配置，実験で得られる画像のデータなどです．そのようなデータは点の集まりであってバラバラです．1 つの図形をなしているわけではありません．しかし与えられたデータをグラフ上にプロットしてできるデータの図の点 1 つ 1 つを，半径が十分小さい円とみなします．そして半径を大きくしたり小さくしたりすると，データの図は変化します．半径がとても小さい点の集まりだと思った時点ではデータのグラフはてんでバラバラなのですが，点たちの半径の値を増加させていくと，点がどんどん膨らんで，隣の点と重なり合うことが起こります．このとき，穴が発生してドーナツ型になることがあるのです．さらに半径をどんどん増加させていくと，発生した穴がどんどん小さくなっていき，そのうち消滅します．さらにどんどん半径を大きくすると別の穴が発生し，また消滅し，…という穴の発生，消滅を繰り返し，半径を十分大きく取ることで，最終的には点たちは合体して 1 つの大きな円となります．

半径というパラメーターを与えて点たちを一斉に膨らませることによって，バラバラの点たちがくっついて図形をなし，最後には大きな円になるので，半径を止めるごとに図形ができます．データの各点を円とみなしたときの半径を r としたときに，データの図を X_r と書くことにします．半径 r が変化すると，図形 X_r も変化します．この図形 X_r のホモロジー群 $H_n(X_r)$ を計算することで，もとのデータの幾何学的特徴を調べることが可能となります．この

$H_n(X_r)$ はパーシステントホモロジー群と呼ばれます[4)]．ホモロジー群の発展の中で開発されたパーシステントホモロジー群という新しい概念によって，データの数値そのものではなく，数値たちのなす「形」を調べることが可能になります．この恩恵として，従来では物質のスケールを固定して解析がなされていましたが，パーシステントホモロジー群を使うことでスケールの異なる現象を記述することができます．

◎8.2.1 パーシステント図

与えられたデータに対してパーシステントホモロジー群を計算することで，穴が発生するときの半径の値を横軸，その発生した穴が消滅するときの半径の値を縦軸にして，グラフを書くことができます．これによってデータを可視化することができますが，このグラフをパーシステント図といいます (次ページ図 8.2 参照)．このパーシステント図を用いれば，データの幾何的な性質に着目するという新たな方法が可能になります．現在では与えられたパーシステント図からデータを抽出するという逆向きの解析 (逆解析) も研究が行われております．

パーシステント図は 2 次元の図ですが，これを 3 次元の図にすることも現在検討されております．例えばタンパク質のような原子の集まりはトポロジカルデータ解析が可能です．ここで，タンパク質は静止していないので時刻ごとに原子の配置が変化していますから，時刻を止めるごとにタンパク質に対してパーシステント図という 2 次元の図が書けます．この際，時刻も含めて考えるとパーシス

---

4) $1+1=0$ が成り立つような数の世界を係数とする 1 変数多項式たちの集合 ($\mathbb{F}_2[x]$ と書く) も用いますが，これ以上は踏み込まないことにします．厳密な定義や計算方法などが知りたい場合は，平岡裕章氏の著書 [1] を参照してください．

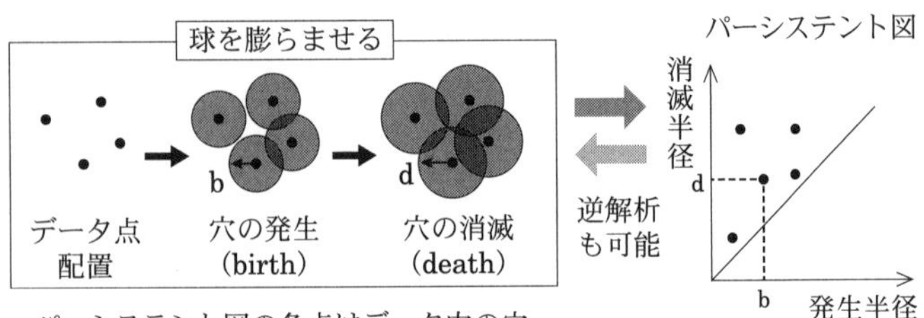

・パーシステント図の各点はデータ内の穴
・発生軸は穴の発生パラメーター
・消滅軸は穴の消滅パラメーター
・対角線付近の点は摂動に弱い
・対角線から離れた点は頑強

図 8.2　半径が大きくなっていく様子とパーシステント図.（図版提供：平岡裕章氏.）

テント図のなす層が得られます．これは 3 次元のパーシステント図です．このような応用もあるので 3 次元の場合も検討されていますが，この 3 次元化には 2 つの困難が伴っています．

1 つ目の困難は，半径に依存して変動する図形をどのような代数的な情報に還元するかという問題です．モジュライ空間の不変量を抽出する問題を考えれば良いということは分かっていますが，これは代数幾何学の非常に難しい問題です．ちなみに，図形全体の集合を図形とみなしたものをモジュライ空間といいます．例えば，楕円曲線[5)]たち全体のなす集合は複素数平面の上半分 (虚部が正である複素数全体) を用いて記述できるので，複素数平面の上半分は楕円曲線のモジュライ空間です．ここでは割愛しますが楕円曲線は整数論や暗号理論において重要な曲線です．

2 つ目の困難はランダム具合の取り込み方です．実際のデータにはどうしてもノイズが含まれますので，パーシステント図の作成の

5)　$y^2 = x^3 + ax^2 + bx + c$ の形で表せる曲線のことです．

ような数学的な計算ではとらえることが難しいことが分かっています．ノイズを考慮した上でのランダム具合の代数的な扱い[6]は非常に困難なのです．これは材料科学の側面から生じた数学の問題であり，現在日本初の問題意識として世界に提言されている状況です．これは数学の問題がほかの科学・工学の異分野の研究から生じることの一例であり，数学とほかの科学・工学が連携をとることが大切であるということを如実に表しています．

8.3 新しい数学概念の諸科学分野への応用

パーシステントホモロジーという 21 世紀に生まれた新しい数学の概念は今現在，数学以外の科学・産業に応用されており，今後もさまざまな科学分野への応用が期待されています．いくつか例を挙げますと，

- 材料科学における，ガラスなどのアモルファス構造の解析
- 脳科学における，ニューロンの相関関係
- 生命科学における，タンパク質や単一細胞遺伝子発現データの解析
- 情報通信，大規模センサーネットワーク
- ビッグデータ解析，医療，創薬，金融，企業戦略

などがあります．

まず応用研究として，京都大学の平岡裕章氏の研究を見ていきましょう．平岡氏はパーシステントホモロジーの数学的な研究を行っておりますが，応用面でも多くの成果を挙げております．まず材料科学への応用として，ガラス，高分子，粉体の構造解析の研究があります．ガラスなどの多くの分子・粒子から構成される物質の構造を見出すには，点の半径を変動させて点の集まりを解析するという

6）加群という代数的対象を分類する問題に相当することが分かっています．

考え方が適しているからです．まさに，材料の比較にはうってつけです．

材料科学以外にも，生命科学への応用として，単一細胞遺伝子発現データ (scRNA–seq) の解析があります．scRNA–seq は多くの細胞が集まってできた超高次元データであり，現在の実験技術を用いると，1 つ 1 つの細胞を識別できるまで精密です．しかし実験の精密さに対して，1 つ 1 つの細胞を識別するための数学理論は確立されていませんでした．ここでトポロジカルデータ解析という最先端の数学が活用され，理論的にも単一細胞の識別ができるようになりました．先程まではパーシステントホモロジーについて述べていましたが，実はこの細胞の識別に使われたのはマッパー (Mapper) と呼ばれるトポロジカルデータ解析の概念です．これはモース理論[7]という幾何学の理論がもとになっている解析方法です．このような新たな解析手法を開発したことで，各種細胞における新しい分化経路の発見に繋がりました．

次に，トポロジカルデータ解析を用いたアモルファス構造の解析に関する早稲田大学の平田秋彦氏の研究を見ていきましょう．物質の持つ構造は，大きく分けると結晶構造とアモルファス構造に分けられます．結晶構造は原子たちが規則正しく配列されることで構成されており，並進対称性，回転対称性，単位胞の存在などの多くの対称性を備えております．一方，ガラスの構造は並進対称性，回転対称性，単位胞のどれも持ち合わせていません．このような構造をアモルファス構造と呼びます (図 8.3)．

結晶構造はその対称性ゆえに格子や群などの数学の概念を使えば特徴付けが可能であるのに対し，アモルファス構造は原子の配置がランダムなので，構造を特徴付けることが困難です．アモルファス

7)　多変数関数の臨界点を用いて図形の性質を調べる理論のことです．

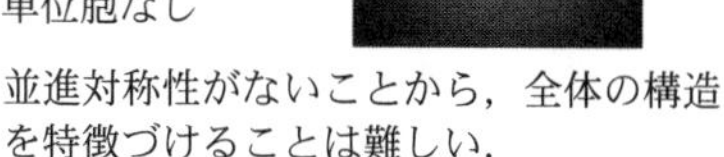

図 **8.3** 結晶構造とアモルファス構造. (図版提供：平田秋彦氏.)

構造を知るには局所的 (ミクロ) な構造と大域的 (マクロ) な構造およびそれらの繋がりを調べる必要があります.

X 線回折，中性子回折，電子回折，EXAFS[8)]，NMR[9)]などを利用した実験方法によってアモルファス構造を解析することができますが，観測して得られるデータは単なる原子配置の羅列にすぎませんので，観測データをそのまま扱うのでは不十分です.

またアモルファス構造の数理モデリングによる数学的な解析方法として，ハンドメイドのアモルファスモデルや分子動力学を用いた多数の原子からなるシミュレーションモデルなどを用いた手法が知

8) イグザフスと読みます. 広域 X 線吸収微細構造 (Extended X–ray Absorption Fine Structure) のことです.

9) 核磁気共鳴 (Nuclear Magnetic Resonance) のことです.

られていますが，この手法を用いて得られるものも原子配置の羅列にすぎません．構造のどの性質に着目するかによって，原子配置の羅列から得られる情報は変化してしまいます．また，構造解析手法として2体分布関数[10)]を用いた手法とボロノイ多面体[11)]を用いた手法がありますが，この手法では局所的な構造の情報は分かるものの，原子配置の歪み具合を抽出することはできません．以上の観点から，さまざまな手法を用いて多種多様な視点でアモルファス構造の性質を抽出する必要があります．

そこで既存の手法に代わる新たな数学的手法として，トポロジカルデータ解析を用いた手法があります．まず，観測や数理モデルから原子配置データを得ます．原子の半径はもともと決まっておりますが，原子の半径を仮想的に変動させて，原子の集まりのなす図形の連結成分の個数を調べます．これは数学的には0次のパーシステントホモロジー群 $H_0(X_r)$ を計算することに対応しております．一般に，対称的な多角形のような配置の場合は半径を増大していくと連結成分の個数は急激に減少しますが，対称性の低い配置の場合は半径を増大していくと球同士の繋がりが徐々に形成されるので，連結成分は緩やかに減少します．したがって 連結成分の個数の変化を調べることは原子同士の配置の解析に有用であり，連結成分の個数の減少の仕方によって「歪み具合」を記述することができます．

実際に，金属ガラス[12)]に対する原子配置のボロノイ多面体や観測

10）平均密度のズレを記述する関数で，アモルファス構造を構成する原子全体のうちの任意の2つの原子の距離をまとめたもの．

11）点の集まりの中の2点の間に垂直二等分面を描きます．すべての2点に対して垂直二等分面を描き終わると浮かび上がる図形がボロノイ多面体です．

12）金属ガラスとは，ガラスと同じようなアモルファス構造を持つ合金のことです．

データから作られるクラスター[13]に対して上記のトポロジカルデータ解析による手法を用いることで，連結成分の個数の変化が穏やかであることが分かります．これは多面体構造の歪み具合を連結成分の個数の変化で明確に記述できることを意味しています．

200 個のクラスターからなる構造モデルをボロノイ多面体型クラスターたちからなる集まりとみなして上記の手法を適用すると，各ボロノイ多面体の連結成分の個数の変化は，1 つの曲線で一様に表現されることも分かります．このことは，同じような歪み具合を持つクラスターが繰り返し並ぶことで無秩序なアモルファス構造を形成しているということを示唆しています．これは，アモルファス構造という対称性の低い物質の中にある秩序を取り出すことができたことになります．

平田氏は平岡氏との共同研究で，アモルファス構造の秩序の「階

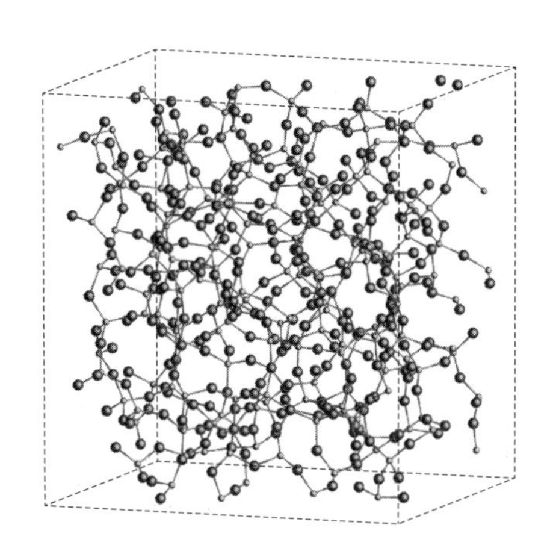

図 8.4　シリカの模型．(図版提供：平田秋彦氏．)

13) クラスターとは，ブドウのような房（ふさ）のことです．ここではブドウではなく結合した原子たちの塊を考えています．原子クラスターともいわれます．

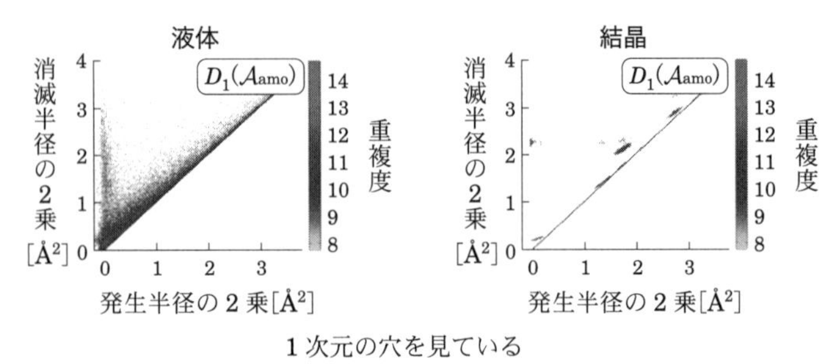

図 8.5　シリカの液体，結晶のパーシステント図.
(出典：[2] p.7036, Fig.2 を改変.)

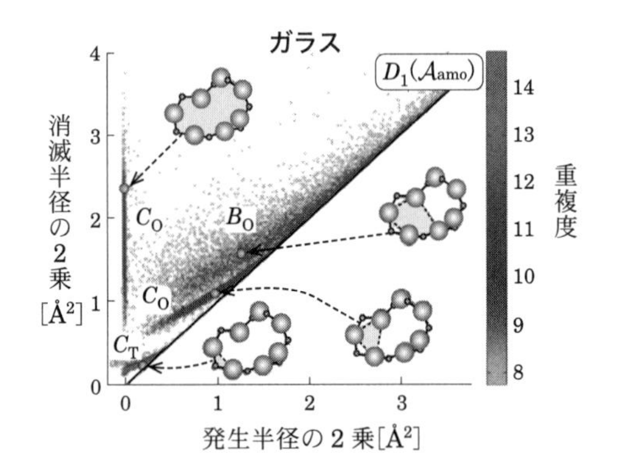

図 8.6　シリカのガラスのパーシステント図. (出典：[2] p.7036, Fig.2 を改変.)

層」を抽出する研究にも取り組んでいます．この研究により例えば，シリカ[14]の結晶，液体，ガラス構造が明確に分類されることが分かりました．この例では，分子動力学によるシリカの構造モデル内のケイ素原子や酸素原子を半径 r の球とみなして仮想的に r を動かすことによって，パーシステントホモロジー群およびパーシス

14）シリカは二酸化ケイ素のことで，化学式で SiO_2 です.

テント図の解析がおこなわれ,「リング形成」機構に特徴が見つかりました．アモルファス構造内の近い場所にある原子同士のなす構造だけでなく，中距離に配置された原子同士のなす秩序のような大域的構造が抽出されたのです．

平田氏の研究チームはさらに上記の研究を推し進めて，ガラス形成に関する構造変化の抽出にも取り組みました．ガラスは液体を冷却することで生成されるので，ガラス形成の際の冷却速度をさまざまに変化させ，冷却速度ごとにサンプルを抽出し，冷却速度に依存する局所構造を解析しました．その結果，ガラス形成に関係した「隠れた秩序構造」を見出すことができました．今後も，統計的手法，パーシステントホモロジーによる数学的手法，パーシステントホモロジーの逆解析による原子配置の抽出技術などを総動員させることによって，ランダムにみえるアモルファス構造の中の対称性を解明することが一層期待されています．

8.4 数学の話：非可換の中に潜む対称性

アモルファス構造のようなランダムなものに潜む対称性を見出すという思想に似たものは数学の世界でも見られます．近年，数学の大きな流行りとして「非可換の中に潜む対称性」があります．20 世紀初頭，古典力学から量子力学への移行の際に，位置を表す x というスカラーを「x 倍する作用素」とみなすことでミクロな世界で起きる現象を数式で捉えました．この場合はスカラーが可換な世界の対象であり，作用素が非可換な世界の対象です．実際，作用素は無限次の正方行列ですので，正方行列の積が非可換であることから作用素同士の積も非可換であることは容易に想像できます．整数論の分野では，20 世紀初頭に高木貞治氏が類体論を構築し，現在では代数的整数論の礎となっています．類体論をもとにラングランズ予想[15]という整数論における壮大な予想が提出されましたが，これは類体論を非可換化した世界に拡張しようという試みです.「ガラスのアモルファス構造のような対称性を持たない対象の中に潜む対称性を捉えよう」という試みは，数学がこれまで歩んできた道を自然と辿っているように見えます．応用科学と数学の考え方・意識に関する繫がりも見受けられるのは非常に興味深いことです.

8.5　社会への還元

ただ単に論文を書くだけでなく，理論を普及させて社会に還元するという活動も研究者にとっては重要です．トポロジカルデータ解析の応用面がここまで発展しますと，パーシステント図の機械学習法やソフトウェア開発も必要になってきます．そこで平岡氏の研究チームでは，現代数学の高度な見識を必要としない扱いやすいソフトウェアとして，大林一平氏をリーダーとして HomCloud を開発しました.

平岡氏によりトポロジカルデータ解析の民間企業向け講演もおこなわれており，現在は異分野の研究者にトポロジカルデータ解析を普及させている段階です．平岡氏はトポロジカルデータ解析の数学的側面，応用への研究のみならず，このような活動により新規参入者の育成をはかっています．このような普及活動は新たに応用例を発見することにも繫がりますし，実際に平岡氏はいま材料科学分野関連の企業約 10 社と共同研究をしており，因果探索，単一細胞遺伝子発現データ解析，医療画像診断，企業特許戦略解析，地質構造解析への応用などに力を注いでいます．このように，トポロジカル

15)　保型形式と楕円曲線がゼータ関数を保つように 1 対 1 に対応するという志村–谷山予想 (ワイルズの定理) もこの予想に含まれています．ワイルズの定理の帰結として，330 年以上未解決であったフェルマーの最終定理が証明されました.

データ解析の共通基盤化は産業の促進において今後ますます必要になります.

また, 平田氏の現在の所属先である早稲田大学では 2019 年 4 月に新たに「理工学術院・基幹理工学研究科・材料科学専攻」が開設されました. この組織は材料科学に軸を置きながら応用数学の教員も構成員にしており, 材料科学, 機械工学, 数学の連携をはかっています. このような専攻が設置されるのは, 現代数学がさまざまな科学, 産業へ応用されることが重要であるからです. このような専攻があれば学生は数学とそれ以外の分野の両方が学べるので, 数学とほかの科学・工学などの異分野との連携をはかることのできる人材を育成することにも繋がり, 今後の産業発展に大きく貢献することが予想されます. 今後も, 数学がほかの分野と連携して新たな研究分野が生まれていくことは, 学術面と産業面の双方に良い影響を与えます. 数学, 科学, 工学, 産業は今後, 相互に良い影響を与え合いながら発展していきます.

8.6　最後に

この章ではトポロジカルデータ解析とその異分野への応用について見てきましたが, トポロジカルデータ解析にまつわる話だけでも, 現代数学と異分野の連携がいかに産業において不可欠であるかが分かったと思います. このように数学と異分野の交流が盛んになれば, 数学の産業への応用ももっと盛況になり, 我々の社会はより良いものになっていくことでしょう. そのためには, 数学者も異分野の科学者も産業界の技術者も, お互いに連携をとることが不可欠なのです.

◎**講演情報**

本章は 2021 年 2 月 24 日に開催された連続セミナー「トポロジカル

データ解析：数学的発展と諸科学への応用」における講演：

- 平岡裕章氏 (京都大学)「トポロジカルデータ解析の共通基盤化への試み」
- 平田秋彦氏 (早稲田大学)「アモルファス構造の隠れた秩序——ホモロジー解析による構造抽出」

に基づいてまとめられました.

◎参考文献

[1] 平岡裕章 (著)，三村昌泰，竹内康博，森田善久 (編),『タンパク質構造とトポロジー——パーシステントホモロジー群入門』，(シリーズ・現象を解明する数学)，共立出版，2013.

[2] Y. Hiraoka, T. Nakamura, A. Hirata, E. G. Escolar, K. Matsue, and Y. Nishiura, *Hierarchical structures of amorphous solids characterized by persistent homology*, PNAS June 28, 2016 113 (26) 7035–7040.

コラム

複素数という数の研究が現代にもたらした恩恵

吉脇理雄

数 (複素数) を拡張する研究が発展し，思わぬ形で現代に息づいていることを記したいと思います．よく知られたことですが，複素数や実数の全体は四則演算が自由にできるという意味で体をなし，整数の全体は割り算ができないことから (整数) 環をなします．

19 世紀，ハミルトン (W.R. Hamilton) により，複素数を拡張して四元数が得られました．これらは実数体上それぞれ 2 次元，4 次元のベクトル空間で (非可換) 体[1]をなします．ハミルトンは最初 3 次元で同じ構造をもつものを探しましたが，存在しないことに気付き 4 次元へと進みました．しかしながら，体であることまでを要求しない，すなわち，環構造をもつものであれば存在し，のちにネーター (E. Noether) により多元環の概念が導入されることとなりました (図 C.1，次ページ)．環の構造を研究する方法は，環の内部構造 (イデアル) に着目するイデアル論，環の作用があるベクトル空間 (表現) に注目する表現論の 2 種類あり，多元環の表現論の起源はやはりネーターに遡ることになります[2]．数から発展した四元数

1） 非可換とは「可換とは限らない」の意味で使っています．複素数の掛け算は可換ですが，四元数の掛け算は一般に非可換です．

2） 本稿で述べる多元環の歴史，ネーターの功績については [1] の Coffee Break を参照のこと．

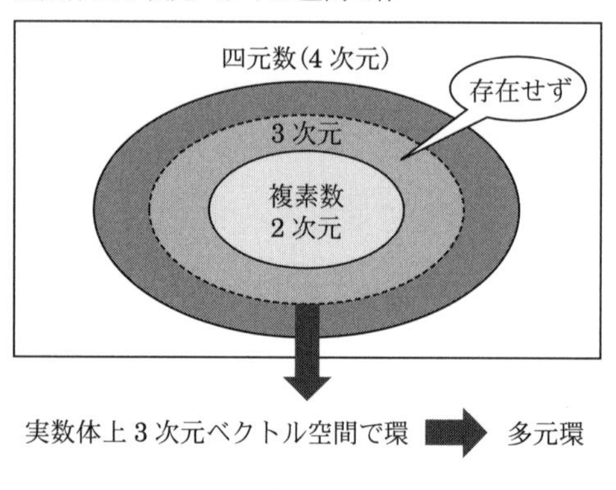

図 C.1　多元環へ至る流れ

体という概念，そして多元環の表現論がどのように現代に息づいているか，それぞれコンピューターグラフィックス (C.1 節) とトポロジカルデータ解析 (C.2 節) を通して，述べたいと思います．

C.1　コンピューターグラフィックス

コンピューターグラフィックス (CG) はコンピューターを用いて生成された画像，またはその生成技術のことです．特に 3 次元空間 $\mathbb{R}^3$ で表現される CG を考え，その中で物体を回転させることを考えます．3 次元の回転を与える行列は各軸周りの回転に対応して 3 種類あり，それらを掛け合わせて一般の回転を実現させることができます．しかし，行列のかけ算は非可換で，軸周りの回転の順序を入れ替えると結果が変わることがあります．また，CG を扱う上ではいわゆるジンバルロック問題[3)]を引き起こします．

一方，3 次元空間 $\mathbb{R}^3$ の回転を単位四元数で記述することができ

3)　3 つの軸の回転を組み合わせると，2 つの軸が同一平面上に揃う場合があります．このとき，ある軸周りの回転ができなくなることを「ジンバルロック問題」といいます．ジンバルロック問題と補間については [3] を参照のこと．

ます[4]．この記述による補間でもって，上述の問題を避けることが知られています．

C.2　トポロジカルデータ解析

パーシステントホモロジー (PH) はトポロジカルデータ解析 (TDA) の主要な手法の 1 つです[5]．諸説ありますが，PH が提示されたのは 21 世紀に入ってからといわれています．データの位相的情報を取り出すことができるホモロジー[6]が計算機の性能向上とともに，計算可能となりました．ただし，データは有限集合であるがゆえにそのままでは自明な情報しか取り出すことができず，しかもノイズには弱いです．それゆえ，それらの問題に対応でき，マルチスケール解析のできる PH という手法が考えられました．現在では，材料科学や画像解析，また機械学習の前処理としても利用されています．PH はまさしく現代でこそ生まれた手法で，数学と計算機の発展がともに基盤となった良い例です．近年，PH はある多元環の表現[7]とみなすことで一般化され，その適用範囲を広げました．

多元環の表現論は表現のなす圏，すなわち表現 (対象) とその間の関係 (射) の集まり，の構造を研究することだと言えます．各表現は最小単位である直既約表現に，同型と順序を除いて一意に分解できることが知られており，したがって，直既約表現とその関係を研究することが主たるテーマの 1 つです．

PH をある多元環の表現とみなしたとき，上で述べた直既約表現

4）2 次元空間 $\mathbb{R}^2$ の回転を複素数で記述できることを考えると自然です．

5）第 2 巻第 8 章を参照．より詳細については [2] や第 8 章の参考文献 [1] などを参照してください．

6）ホモロジーは穴を数える抽象概念です．

7）より正確には，PH は特定のクイバー (箙 = 有向グラフ) の表現と見なせます．1970 年代の P. Gabriel の仕事により，多元環はある仮定のもとで (有限) クイバーと同一視され，多元環の表現論はクイバーの表現論と言えます．

への分解は PH の出力であるパーシステント図そのものだとわかりました．それゆえ，多元環の表現論の応用面として，PH の理論研究が行われることとなりました．

C.3　不合理な有用性

四元数や多元環は (複素) 数を拡張していく過程で考えられた対象です．四元数は CG の問題を解消し，多元環の表現論はデータ解析の理論的な基礎となっています (図 C.2)．当時は考えられなかったでしょう．これこそまさに数学の不合理な有用性[8]と言えます．

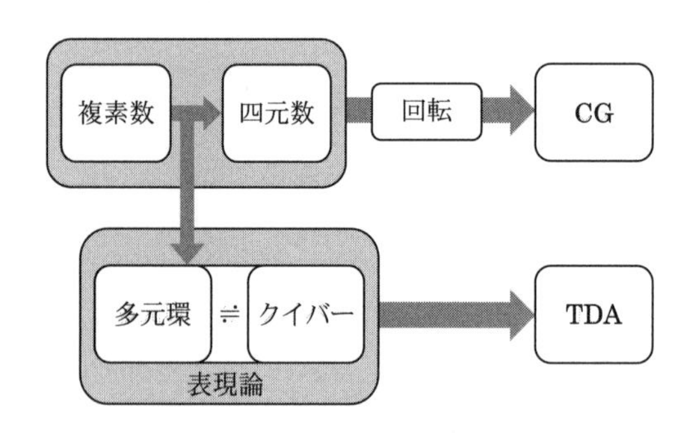

図 C.2　複素数という数の研究が現代にもたらした恩恵

◎参考文献

[1] 岩永恭雄，佐藤眞久,『環と加群のホモロジー代数的理論』，日本評論社，2002.

[2] 平岡裕章,「位相的データ解析とパーシステントホモロジー」,『数学』，68 巻 4 号，pp.361–380，日本数学会，2016.

[3] 若山正人編,『可視化の技術と現代幾何学』，岩波書店，2010.

8）物理学者 Eugene Wigner の講演録のタイトルより．

あとがき

本書のベースとなっている一連のセミナーは，1 巻の序章の執筆を分担し，座談会にも参加している若山正人さんのご尽力で可能になりました．若山さんのご紹介で，最前線の研究者がそれぞれの専門分野についてわかりやすく解説してくださいました．また，セミナーの運営には，1 巻の執筆を担当した九州大学の松江要さん，当時大阪大学におられた宮西吉久さんにお願いいたしました．2020 年 10 月から 2021 年 2 月まで，全 16 回のセミナーを開催することができ，のべ 679 人の方がセミナーに参加されました．皆様に深く感謝いたします．

私自身は数学にはまったくといっていいほど関わりのない人生を送ってきました．思い返せば，高校までの数学では，大学入試問題を解くためだけの勉強をしました．大学では電磁気や制御の授業で，道具としての数学を少しだけ使っていました．

それなのに，ある会議の席上で,「セミナーの本を作ろう」と言ってしまいました．自分にはそんな能力も知識もないことを知りながら．それは，16 回にわたる連続セミナーで，実際に講師の方々の素晴らしいお話を聞くと，なんとかこれをもっと多くの人に知ってもらいたいと強く思ったからです．今回のセミナーを通じて，数学がものごとの理解において素晴らしい力を持っていることを学びました．そしてその力を発揮して，ものづくりや医療，金融などさまざまな実社会で役に立っていることを実感しました．もっと多くの人に数学の力を感じてほしいと思い，本書を企画しました．しかし，自分では到底うまく伝えることはできません．そこで，数学を専門とする若手研究者の方にお願いして原稿作成を進めることにし，本書 (2 巻) は東京都立大学の横山俊一さんと日本大学の杉山真吾さんにお願いしました．大変なお願いをしてしまったのですが，お二人の努力によって本書を世に出すことができました．また，本書の刊行は，多くの方々に支えられて実現したものです．ここにお名前を挙げることは差し控えますが，それらの皆様にも心より感謝を申し上げます．ありがとうございました．

編者を代表して　高島洋典

◎ 2 巻の著者から一言

日本大学理工学部数学科の杉山真吾です．整数論，特に保型形式や L 関数を専門に研究しております．ほかにもスペクトルゼータ関数の数理物理学への応用，ラマヌジャングラフの構成，量子確率論などといろいろ研究してきたので，専門の枠を越えて研究していると自分では思っています．しかしながら，これまで紙とペンだけで突き進むスタイルでやってきましたので，数学の産業界への応用面に関しては，ほぼ何も分からない状態で執筆に取り組みました．書籍のもととなった講演をされた先生方には，初歩的なところから多くの助言をしていただき，とても感謝しています．純粋数学ではない分野の話を聴くときは，独特の言い回しや略称があると感じ，理解が追いつかないこともあり苦労しました．このため執筆の際は，大学の数学科に属する学部生が読んで理解できるようにしようと努めました．この書籍を通して，最先端の数学が産業界に不可欠であること，数学の可能性は ∞ であることをより多くの読者の皆さんに知っていただければ幸いです．

5〜8 章担当　杉山真吾

この度は，このような稀有なプロジェクトに参加できたことをとても嬉しく思っています．私の専門は計算機数論および計算機代数という分野なのですが，4 章の可視化に関しては以前同じく JST の CREST プロジェクトで，安生健一先生の指揮のもと 3 年間ほど研究に従事させていただいたことがあります．そのときの想い出に浸かりながら執筆を進めることができました．

一方で 1, 2, 3 章の内容については (以前から興味はあったのですが) 専門とはやや離れた分野であり，門外漢である私に筆者が務まるのだろうかと不安ばかりでした．しかし，講演者の先生方からは数多くのあたたかいアドバイスを頂戴し，感謝の思いしかありません．何より，新しい分野を勉強する素晴らしい機会をいただけたことは望外の喜びです．

今回の執筆にあたっては，数式の羅列にならないよう，自分の言葉で平易に，かつ正確性を失わないように書くことを心がけました．この意味で，専門家の方にはややもの足りない印象となってしまったかもしれませんが，とくに学生さんを中心とした数学に興味を持つ若い皆さんに「産業と数理との交流分野ってこんなにも面白いんだ！」と感じていただければ幸いです．本書をきっかけとして，新しいブレイクスルーが生まれることを切に願っております．

1〜4 章担当　横山俊一

◎編者紹介

国立研究開発法人科学技術振興機構研究開発戦略センター (JST/CRDS)

JST (国立研究開発法人科学技術振興機構) は，科学技術に関する研究開発，産学連携，学術情報の流通，人材の育成など，科学技術の振興と社会的課題の解決のための事業を実施している機関．CRDS (研究開発戦略センター) は 2003 年に JST 内に設置され，公的シンクタンクとして，国内外の科学技術の動向調査，我が国の政策立案にむけた提言を行っている．本書を含む今回の数学に関連する活動も，CRDS の動向調査の一環として行ったものである．

高島洋典 (たかしま・ようすけ)

1953 年，大阪府吹田市生まれ．1979 年京都大学大学院工学研究科修士課程電子工学専攻修了，同年 NEC 入社．同社システム基盤ソフトウェア開発本部長，サービスプラットフォーム研究所長，中央研究所支配人などを経て，2012 年より国立研究開発法人科学技術振興機構研究開発戦略センターフェロー．情報通信分野における技術・社会動向の俯瞰調査ならびに，戦略的研究プロポーザルの作成に従事．

吉脇理雄 (よしわき・みちお)

21 ページをご覧ください．

◎著者紹介

杉山真吾 (すぎやま・しんご)

1987 年，広島県因島市 (現在は尾道市因島) 出身．2015 年，大阪大学大学院理学研究科修了．九州大学マス・フォア・インダストリ研究所学術研究員 (JST/CREST–PD) を経て，現在，日本大学理工学部数学科助手，JST/CRDS 特任フェロー兼任．専門は，整数論 (保型形式)．

`http://trout.math.cst.nihon-u.ac.jp/~s-sugiyama/homepage.japanese.html`

横山俊一 (よこやま・しゅんいち)

1985(昭和 60) 年生まれ，福岡県出身．2012 年，九州大学大学院数理学府博士後期課程修了．博士 (数理科学)．九州大学マス・フォア・インダストリ研究所学術研究員 (JST/CREST–PD)，九州大学大学院数理学研究院助教を経て，2019 年より首都大学東京大学院理学研究科准教授 (2020 年より東京都立大学に名称変更)，JST/CRDS 特任フェロー兼任．専門は，計算機数論および計算機代数．

`https://sites.google.com/view/s-yokoyama/`

社会に最先端の数学が求められるワケ (2)
データ分析と数学の可能性

2022 年 3 月 30 日　第 1 版第 1 刷発行
2022 年 5 月 30 日　第 1 版第 2 刷発行

編者 ——— 国立研究開発法人科学技術振興機構研究開発戦略センター
(JST/CRDS) + 高島洋典 + 吉脇理雄

著者 ——— 杉山真吾 + 横山俊一

発行所 ——— 株式会社　日本評論社
〒 170-8474 東京都豊島区南大塚 3-12-4
電話　03-3987-8621 [販売]
03-3987-8599 [編集]

印刷所 ——— 藤原印刷

製本所 ——— 難波製本

装丁 ——— 図工ファイブ

ISBN 978-4-535-78960-9